Praktische Optik

Die Gesetze der Linsen und ihre Verwendung

Von

Dr. Paul Schrott

Privatdozent an der Technischen Hochschule in Wien

Mit 115 Abbildungen im Text

Wien

Verlag von Julius Springer

1930

ISBN-13: 978-3-7091-5162-4   e-ISBN-13: 978-3-7091-5310-9
DOI: 10.1007/978-3-7091-5310-9

Vorwort

Das vorliegende Buch ist als Ratgeber für alle jene gedacht, welche sich mit praktischen optischen Aufgaben zu befassen haben. Es sind dies die Photographen, besonders der Kameramann der Kinematographie und der Laufbildvorführer. Die vorhandenen Bücher über Optik sind alle zu umfangreich und theoretisch, setzen zu große mathematische Kenntnisse voraus und bringen die praktische Anwendung nur flüchtig oder gar nicht. Hier ist die Entwicklung des Themas rein konstruktiv und anschaulich gegeben, ohne daß irgendwelche mathematischen Kenntnisse vorausgesetzt werden, wobei von den einfachsten zu schwierigen Problemen fortgeschritten wird. Da durchaus die Aufgaben der Praxis berücksichtigt sind, dürfte es auch für einen weiteren Leserkreis von Liebhaberphotographen, für Lehrer und für den Unterricht an Schulen geeignet erscheinen.

Von größtem Werte wäre es mir, wenn jeder der geneigten Leser wahrgenommene Mängel, besonders Unklarheiten, weiterhin Wünsche, in welcher Richtung größere Ausführlichkeit erwünscht wäre, unter Anschrift des Verlages mir mitteilen würde. Nur durch solche Kritiken kann das Buch den Zweck erfüllen, für den es bestimmt ist, zu leuchten in die Dunkelheit der Wege des Lichtes.

Wien, im September 1929

Dr. Schrott

Inhaltsverzeichnis

I. Vom Licht

A. Allgemeines

Der Begriff einer Energie, die von einem Punkte nach allen Richtungen des Raumes ausstrahlt, indem sie den Äther in Wellenschwingungen versetzt, ist heute Gemeingut aller geworden. Wir bezeichnen diese Energie, je nach der Länge der Welle, mit verschiedenen Namen. Die längsten Wellen, bis zu vielen Kilometern Länge, heißen elektrische Wellen; sie haben praktisch als die Wellen der drahtlosen Telegraphie und des Radiowesens große Anwendung gefunden. Diese Wellen können wir direkt mit unseren Sinnen nicht wahrnehmen. Werden die Wellen viel kürzer, bis zu wenigen Millimetern herab, so empfinden wir sie als Wärme; wir nennen sie Wärmestrahlen. Noch viel kürzere Wellen, von zirka 0,0007 mm bis herab zu 0,0004 mm, sind die Lichtstrahlen, welche wir mit dem Auge wahrnehmen. Noch kürzere Wellen, die ultravioletten und die noch 10 000 mal kürzeren Röntgenstrahlen, empfinden wir direkt nicht, wohl aber haben sie eine starke zerstörende Wirkung auf den Körper, es sind chemisch wirksame Strahlen.

Für unsere Lebensmöglichkeit sind die Licht- und die Wärmestrahlen unbedingt die wichtigsten. Es entsteht die Frage, wie kommt es, daß dieser winzige Bereich aus allen möglichen Wellenlängen für uns gerade diese Wichtigkeit besitzt. Die Antwort müßte lauten: Weil wir Kinder der Sonne sind. Die Ursache alles Lebens und aller Energie auf Erden ist die Sonne. Nur unter Einfluß des Sonnenlichtes entwickelt sich das erste organische Leben, das heißt chemische Verbindungen, die sich selbst vermehren können, die ersten Pflanzen, Algen und Flechten, aus diesen entstehen durch langsame Entwicklung die höheren Pflanzen, welche erst die Vorbedingungen der Tierwelt sind, welcher sie die Nahrung geben. Aus der immer höher entwickelten Tierwelt geht der Mensch als höchste Stufe hervor. Alles Leben, alles was wir tun und schaffen können, verdanken wir der Sonne. Diese Energie kommt von der Sonne zur Erde durch den Weltenraum in der Form der Sonnenstrahlen. Diese Strahlen sind nun am stärksten im Bereiche der Wellenlänge von Licht und Wärme. Es ist sohin alles auf Erden dieser Strahlung angepaßt. Die stärkste Strahlung der Sonne ist im Bereich der Farbe gelbgrün, das ist das Licht, für welches unser Auge am empfindlichsten ist. Die Strahlung konnte sich nur ein solches Leben erzeugen, welches in ihr selbst die zureichenden Bedingungen fand. Es ist ein unrichtiger Gedankengang, die wunderbare Zweckmäßigkeit der Natur zu bewundern, sondern alle Natur wurde von dieser Strahlung geschaffen, deshalb ist alles gleichmäßig denselben Bedingungen angepaßt. Licht und Wärme sind also notwendige Lebensbedingungen des Menschen. In primitiven Zuständen begnügt sich der Mensch mit den Bedingungen, wie sie ihm durch die gerade vorhandenen Verhältnisse der Natur geboten werden. In der weiteren Entwicklung trachtet er der Annehmlichkeit von Licht und Wärme auch dann teilhaftig zu werden, wenn die Natur sie ihm gerade versagt. Er schafft sich künstliche Licht- und Wärmequellen. Das Wort künstlich paßt eigentlich nicht, denn immer ist es in Wirklichkeit verborgene, gebundene Sonnenenergie, die nur im geeigneten Augenblicke zum Leben erweckt wird. Wenn unter Einfluß der Sonne in einem komplizierten chemischen Prozeß aus der Kohlensäure der Luft Kohlenstoff in Form von Holz oder Zellulose gebunden wird, wenn diese Produkte im Laufe der Jahrtausende, eingesunken in tiefe Erdschichten, zu Kohle werden und der Mensch sich dann am brennenden Holz- oder Kohlenfeuer erwärmt oder die Kohle vergast zur Erzeugung von Leuchtgas verwendet, mit welchem er das Zimmer beleuchtet, so hat er nur die in Form von Holz oder Kohle gebundene Sonnenenergie wieder freigemacht. Jedes Feuer ist ein kleines Abbild der Sonne; es gibt Licht und Wärme. Und wenn eine Glühlampe aufleuchtet, was ist geschehen? Die Wärme der Sonnenstrahlen hat das Wasser der Erde zur Verdunstung gebracht, in Form von Wasserdampf hoch in die Luft gehoben, wo es zu Wolken kondensiert, als Regen herunterfällt und Bäche und Flüsse füllt. Die Ausnützung der Wasserkraft liefert die elektrische Energie, die die Lampe zum Leuchten bringt.

B. Lichtmessung, Photometrie

So ist heute das Licht ein normaler Verbrauchsgegenstand geworden, der gekauft und verkauft wird. In dem Augenblicke aber, als mit dem Gegenstande Handel getrieben wird, müssen wir ein Maß des Gegenstandes besitzen. Diese Wissenschaft von der Messung des Lichtes ist die Photometrie oder Lichtmessung. Nach Begründung dieser Wissenschaft war es möglich, erfolgreich an der Verbesserung der Lichtquellen zu arbeiten. Denn um zwei Lichtquellen vergleichen zu können, muß ich dieselben messen können. Es ergibt dies die Wissenschaft der Lichttechnik, welche es sich zur Aufgabe stellt, möglichst helle Lichtquellen bei geringstem Energieverbrauch zu finden.

Man pflegt selbstleuchtende Körper als Lichtquellen zu bezeichnen. Wie bei einer Quelle das Wasser von einer Stelle austritt und nach allen Richtungen sich verbreitet, so auch das Licht, das von einem Punkt ausgeht, und zwar stellen wir uns vor, daß nach allen Richtungen das Licht gleichmäßig stark ausstrahlt. Ebenso wie eine Wasserquelle mehr oder weniger Wasser liefern kann, so kann auch eine Lichtquelle verschieden starkes Licht geben; wir sprechen von der Stärke der Lichtquelle oder Intensität (J). Wir messen dieselbe in Hefnerkerzen (HK), das ist ungefähr die Helligkeit einer gewöhnlichen Kerzenflamme. Wir sagen also z. B., eine Glühlampe habe 50 HK, wenn sie ebensoviel Licht gibt wie 50 Kerzen.

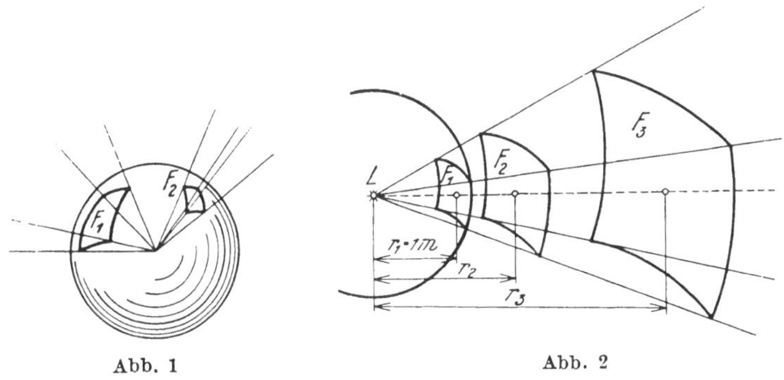

Abb. 1   Abb. 2

Wenn wir eine Wasserquelle ausnützen wollen, so können wir das ganze Wasser nehmen oder einen Teil, leiten dasselbe in einem Rohr ab und erhalten einen Wasserstrom. Ebenso können wir von der Lichtquelle nur einen Teil ausnützen und sprechen vom Lichtstrom (St).

Zu dem Zwecke denken wir uns die Lichtquelle mit einer undurchsichtigen Kugel von 1 m Radius umgeben, das ist die Einheitskugel. Der ganze Lichtstrom wird dann auf das Innere der Kugel auffallen. Wir schneiden dann in die Kugelschale Öffnungen F_1, F_2, dann kann das Licht dort frei durchdringen und wir erhalten einen Lichtstrom, der nur ein Teil des vollen Lichtstromes sein wird. Die Größe des Lichtstromes ist durch

die Größe der Öffnung gegeben; je größer sie ist, desto größer
ist der Lichtstrom.

Durch F_1 wird mehr Licht dringen als durch die Fläche F_2.
Ist die Stärke der Lichtquelle $J = 1\,HK$ und ist die Größe der
Öffnung 1 m², so nennen wir den Lichtstrom 1 Lumen (Lm). Die
ganze Fläche der Kugel ist $4\,r^2\,\pi$; da $r = 1$ m, so gibt das $4\,\pi$ Quadratmeter (m²). Der Gesamtlichtstrom ist daher $4 \cdot \pi\,Lm$. Wäre
die Lichtintensität etwa $J = 10\,HK$, so wäre der Lichtstrom
$St = 40 \cdot \pi\,Lm$. Wenn wir daher die Größe der Öffnung F in
Quadratmeter, die Stärke der Lichtquelle in Kerzen gegeben
haben, so ist in der Einheitskugel der Lichtstrom

$$St = J \cdot F\,Lm. \tag{1}$$

Wir sehen auch, daß je größer die Öffnung, desto größer der
Winkel des Lichtbüschels. Der Winkel des Büschels von F_1 ist
viel größer als der von F_2. Je weiter also das Büschel geöffnet
ist, desto größer ist der Lichtstrom.

Wenn der Lichtstrom, der aus der Öffnung austritt, auf eine
Fläche fällt, so wird diese beleuchtet und wir bezeichnen als
Beleuchtungsstärke E die Größe: Lichtstrom : Fläche also

$$E = \frac{St}{F}. \tag{2}$$

Wir sehen, daß je weiter die Fläche von der Lichtquelle entfernt
ist, auf eine desto größere Fläche sich derselbe Lichtstrom verbreitet, desto kleiner also die Beleuchtungsstärke wird (Abb. 2).

Und zwar nimmt die Fläche mit dem Quadrate des Abstandes
von der Lichtquelle an Größe zu. Ist F_1 die Öffnung in der Einheitskugel in der Entfernung von 1 m, F_2 die Fläche in der Entfernung
r_2-Meter, so ist $F_2 = F_1 \cdot r_2{}^2$; es ist also $E = \dfrac{St}{F_1 r_2{}^2}$. In der Einheitskugel ist aber $St = F_1 J$, daher ist

$$E = \frac{F_1\,J}{F_1\,r_2{}^2} = \frac{J}{r_2{}^2}. \tag{3}$$

**Die Beleuchtungsstärke einer Fläche ist gleich
der Intensität der Lichtquelle, dividiert durch das
Quadrat der Entfernung in Metern.** Die Einheit von E
ist 1 Meterkerze oder 1 Lux (Lx), wenn eine Lichtquelle von
$1\,HK$ in der Mitte der Einheitskugel die Kugelfläche im Abstande
von 1 m beleuchtet.

Wenn wir die Beleuchtungsstärke einer Fläche kennen, so
wissen wir noch nichts darüber, wie hell die Fläche unserem
Auge erscheint. Dies hängt von der Art der Oberfläche ab. Wenn
wir in gleicher Entfernung von einer Lampe ein weißes Papier

und schwarzen Samt halten, so haben beide gleiche Beleuchtungsstärke, erscheinen aber dem Auge verschieden hell.

Um zu wissen, wie hell eine Fläche erscheint, muß man zunächst
die Albedo (von album, lat. weiß, die Weiße) kennen, das ist
das Verhältnis des von der Fläche reflektierten zum auffallenden
Lichte.

Wir nehmen zunächst an, daß die Fläche diffus reflektiert,
das heißt, von welcher Richtung immer der Lichtstrom die Fläche
trifft, er wird von der Fläche gleichmäßig nach allen Raum-
richtungen zerstreut. Eine solche Fläche ist z. B. mattweißes
Zeichenpapier. Die Albedo ist zirka 0,75, das heißt es werden
¾ des auffallenden Lichtstromes reflektiert. Von schwarzem
Samt werden zirka 2% reflektiert. Die Albedo ist $^2/_{100}$, das
ist 0,02. Es ist nun die Frage, wie hell erscheint eine Fläche
von der Albedo M, die die Beleuchtungsstärke E erhält.

Wir müssen bedenken, daß eine Fläche, welche
das auffallende Licht reflektiert, selbst als Lichtquelle wirkt.

Ihre Intensität (J) ist das Produkt aus der Fläche f mal der
Helligkeit der Flächeneinheit; die letztere nennen wir i, die Leuchtdichte, $J = i f$. Wenn man eine mattweiße Papierfläche gleichmäßig beleuchtet, so wird das Papier selbst reflektiertes Licht
aussenden und die Leuchtdichte ist an allen Stellen dieselbe.
Für einen Punkt, der auf einer Geraden liegt, die im Mittelpunkte
der Fläche senkrecht zu dieser gezogen wird, wird demnach die
Lichtintensität sein $J = i f$, liegt aber der Punkt seitlich von
dieser Geraden, so erscheint für ihn die Fläche verkürzt, das heißt
die lichtausstrahlende Fläche wird kleiner. Je weiter seitlich
der Punkt liegt, desto weniger Licht wird ihn treffen, liegt
schließlich der Punkt in der Ebene der Fläche selbst, so kann
ihn gar kein Licht treffen, da die Fläche nach der Seite kein Licht
ausstrahlen kann. Hier ist die Lichtintensität der Fläche 0. Die
mittlere Intensität der Fläche wird also sein J (Mittel) $= \dfrac{i f + 0}{2} =$
$= \dfrac{i f}{2}$. Wir haben früher gehört, daß ein Punkt nach allen Richtungen
im ganzen den Lichtstrom $4 \pi J$ ausstrahlt, in der Halbkugel
strahlt er die Hälfte $2 \pi J$.

Die weiße Papierfläche strahlt Licht nur in die Halbkugel,
und zwar mit der mittleren Intensität $\dfrac{i f}{2}$, daher ist der Lichtstrom
$St = J_{Mittel} \cdot 2 \pi = \dfrac{i f}{2} \cdot 2 \pi = i f \pi$, das ist also der reflektierte Licht-

strom. Der zugestrahlte Lichtstrom ist gegeben durch die Fläche $\times$ $\times$ Beleuchtungsstärke $E \cdot f$; von diesem Lichtstrom wird der Teil M reflektiert, so ist also der reflektierte Lichtstrom $ME f$. Wenn wir die Größen gleichsetzen $i f \pi = EM \cdot f$,

$$i = \frac{1}{\pi}\, EM. \tag{4}$$

Haben wir also eine mattweiße Projektionswand mit $M = 0{,}75$ und ist die Beleuchtungsstärke $50\, Lx$, so ist $i = \dfrac{0{,}75}{\pi} \cdot 50 = 12{,}5\, HK$ auf den Quadratmeter. Ist der Schirm 4×5 m groß, so ist $J = i \cdot f = 10 \cdot 12{,}5 = 250\, HK$, das heißt der Schirm strahlt ebensoviel Licht aus wie eine Glühlampe von $250\, HK$, jedoch ist diese Intensität auf eine Fläche von $20\, \mathrm{m^2}$ verteilt. Wollen wir den Lichtstrom bestimmen, der den Schirm treffen muß, um $50\, Lx$ zu erzeugen, so ist $St = E f = 50 \cdot 20 = 1000\, Lm$. Es muß also vom Projektionsobjektiv ein Lichtstrom von $1000\, Lm$ ausgehen, um diese Beleuchtungsstärke auf dem Schirme zu erzeugen.

Wir haben bis jetzt diffuse Reflexion angenommen, das heißt jedes Teilchen der Fläche reflektiert das Licht nach allen Richtungen des Raumes ganz gleichmäßig, das Licht wird vollkommen gleichmäßig zerstreut. Eine solche Fläche erscheint von allen Richtungen gleichmäßig hell und matt. Eine solche Fläche ist etwa eine weißgetünchte Wand. Wir wissen aber genau, daß ein Körper nicht matt sein muß, er kann auch glänzend sein, das heißt, daß das Licht in bestimmten Richtungen stärker reflektiert wird, und zwar geschieht dies immer in der Richtung regelmäßiger Reflexion. Eine Glasfläche oder blanke Metallfläche zeigt unbedingt nur diese Art der Reflexion, dann strahlt sie das Licht immer nach einer Richtung. Betrachten wir eine mattierte Metallfläche, so sehen wir diese matt mit Glanzlichtern in jener Richtung, nach welcher das Licht regelmäßig reflektiert wird. Solche Flächen sind auch die metallischen Projektionsschirme, welche mit Aluminiumbronze überzogen werden. Nun reflektiert aber jede Fläche nur einen Teil des auffallenden Lichtstromes, den wir mit M bezeichnet haben. Bei den metallischen Projektionsschirmen ist das M im Mittel ungefähr so groß wie bei den weißen Wänden. Man kann also nicht mehr Licht von dem Schirm erhalten wie von einem weißen Schirme. Da aber das Licht in senkrechter Richtung viel stärker reflektiert wird, erscheint der Schirm bei senkrechter Daraufsicht viel heller als ein weißer, dafür wird aber nach den Seiten viel weniger Licht reflektiert als bei dem weißen, daher erscheint er, von der Seite gesehen, viel dunkler als ein weißer Schirm. Es ist also bei jedem Projektionsschirm stärkere Helligkeit in einer Richtung durch Verlust an Helligkeit in anderen Richtungen erkauft. Im ganzen gerechnet, erhält man von einem Metallschirm nicht mehr Licht reflektiert als von einem rein weißen.

Die Leuchtdichte des Schirmes ist nur gering: $12,5\ HK/\mathrm{m}^2$, das ist $0,00125\ HK/\mathrm{cm}^2$. Eine gewöhnliche Kerzenflamme hat die Leuchtdichte $0,66\ HK/\mathrm{cm}^2$, Projektionsglühlampen 1100 bis $4000\ HK/\mathrm{cm}^2$, Bogenlampen $18\,000\ HK/\mathrm{cm}^2$, die Sonne $200\,000\ HK/\mathrm{cm}^2$. Mit der Messung der Intensität der Lichtquellen befaßt sich die Photometrie. Es werden von zwei nebeneinanderstehenden mattweißen Flächen eine durch eine Lichtquelle bekannter Intensität, die andere durch die zu messende belichtet. Durch Verschieben der Lichtquellen macht man die Flächen gleich hell. Man kann dann aus dem Gesetz $E = \dfrac{J}{r^2}$ die unbekannte Intensität aus der bekannten bestimmen.

Mit der Theorie und Erfindung geeigneter Lichtquellen befaßt sich die Lichttechnik.

C. Lichttechnik

1. Allgemeines

Von Lichtquellen, bei welchen das Licht durch Verbrennen brennbarer Stoffe erzeugt wird, wollen wir hier absehen und nur die elektrischen Lichtquellen in Betracht ziehen.

Wir unterscheiden hier **zwei** große Gruppen, die Glüh- und die Bogenlampen. Während bei den Glühlampen ein Metallfaden unter Luftabschluß bei hoher Temperatur glüht, wird bei den Bogenlampen die wirkliche Verbrennung eines Kohlenstabes oder anderen Körpers durch den elektrischen Strom eingeleitet. Die auf theoretischem und experimentell-physikalischem Wege über die Lichtstrahlung erhitzter Körper gefundenen Gesetze sind im wesentlichen folgende:

Je höher die Temperatur eines Körpers ist, desto mehr Licht strahlt derselbe aus, und zwar nimmt die Lichtausstrahlung ungefähr mit der 6. Potenz der absoluten Temperatur[1] zu. Das heißt, wenn ein Körper bei 1000^0 absolut mit der Helligkeit h strahlt, so bei 2000^0 absolut mit der Helligkeit $H = 2 \times 2 \times 2 \times 2 \times$ $\times 2 \times 2 \times h = 64\,h$; es nimmt also die Lichtintensität mit steigender

---

[1] Die absolute Temperatur ist die Temperatur in Graden Celsius, vermehrt um 273^0. Eine Temperatur von $0^0\,C$ entspricht also $+\,273^0$ absolut.

Temperatur sehr rasch zu. Weiterhin ergibt sich, daß je höher
die Temperatur, desto bläulicher die Strahlung wird. Dieses
letztere Gesetz ist ja dem Eisenarbeiter vollkommen geläufig.
Ein Eisenstück kommt zuerst in Rotglut, dann bei höherer
Temperatur in Gelbglut, schließlich Weißglut, bis das Eisen mit
bläulich strahlendem Lichte verbrennt. Diese bläuliche Farbe
des sehr hoch erhitzten Eisens nimmt man beim autogenen
Schweißen leicht war. Für leuchtende Körper wäre am günstigsten
eine Temperatur von 6000° absolut, das ist die Sonnentemperatur,
weil dann das Licht dieselbe Farbe wie das Tages- oder Sonnenlicht
hätte. Von unseren praktisch verwendeten Lichtquellen hat die
Bogenlampe die Höchsttemperatur mit zirka 4200°. Es sind
also unsere Lichtquellen im allgemeinen zu tief in der Temperatur,
daher meist rotstichig.

Diese Gesetze zeigen, daß unser Bestreben darauf gerichtet
sein muß, Lichtquellen möglichst hoher Temperatur zu finden,
das bedingt natürlich Materialien, welche so hohe Temperaturen
aushalten, ohne sich zu verflüchtigen oder zu schmelzen.

2. Glühlampen

Bei diesen wird ein Draht aus elektrisch leitendem Material
durch den elektrischen Strom zur Glut erhitzt. Das heute verwendete Material ist durchaus das Wolframmetall, welches erst
bei einer Temperatur von 3600° schmilzt. Wir unterscheiden
Vakuumlampen, welche luftleer gepumpt sind; die Fadentemperatur bei diesen ist zirka 2060° absolut. Bei höherer Temperatur
wird der Faden zerstäubt und schwärzt die Glasbirne, wodurch
die Lichtintensität sinkt. Bei dieser Fadentemperatur ist das
Licht rötlich. Die Flächenhelligkeit ist zirka $0{,}1\,HK/\text{mm}^2$.
Günstiger sind die Gasfüllungslampen. Bei diesen wird die luftleer
gepumpte Birne mit Stickstoff oder Argon gefüllt. Diese Gase
ermöglichen keine Verbrennung des Fadens, wohl aber verhindert
der Gasdruck die Zerstäubung, so daß die Fadentemperatur
höher gehalten werden kann. Dafür hat man den Nachteil, daß
im Innern der Lampe Luftzirkulation und Abkühlung an den
Wänden eintritt, wodurch die Ökonomie sinkt. Man windet daher
den Draht zu einer feinen Spirale. Dadurch sinkt die Wärme-
ausstrahlung. Die Temperatur ist 2500° absolut, die Flächenhelligkeit $0{,}6\,HK/\text{mm}^2$. Die höchste Ökonomie in solchen Lampen
findet man bei den Projektionslampen für die Spannung von
ungefähr 15 Volt; das Licht ist hier viel weißer als das der üblichen
Gasfüllungslampen, die Flächenhelligkeit ist $42\,HK/\text{mm}^2$. Bei
diesem Stadium der Ausbildung ist die Glühlampe derzeit an-

gelangt und ist eine wesentliche Verbesserung in der Ökonomie in der nächsten Zeit nicht zu erwarten.

3. Bogenlampen

Bei diesen geht der Strom in Luft zwischen zwei Kohlenspitzen über. Die Kohle verbrennt dabei wirklich. Bei Verwendung von Gleichstrom bildet sich an der positiven Kohle der vertiefte Krater aus, welcher eine Temperatur von zirka 4200° absolut hat, also eine viel höhere Temperatur als die Glühlampe. Die Flächenhelligkeit ist zirka 180 HK/mm^2. Immerhin ist das Licht noch rotstichig. Verstärkt man die Stromstärke weiter, so wird der Krater größer, die Flächenhelligkeit jedoch bleibt konstant. Führt man weiter Strom zu, so werden die Kohlenstäbe selbst in Glut geraten, was ein gleichmäßiges Brennen verhindert und überdies durch die hohe Erhitzung die Lampenkonstruktion in Gefahr bringt. Ein Fortschritt ist durch die Goerzkohlen zu erreichen, welche einen Kupfermantel besitzen, welcher die Stromführung zur Spitze übernimmt, so daß der Kohlenstab selbst nicht stark erhitzt wird.

Durch die Stromüberlastung wird der Krater kleiner bei steigender Flächenhelligkeit. Dieselbe geht bis 600 HK/mm^2. Die größte Helligkeit wurde erzielt, wenn man den Kohlenbogen unter hohem Druck von zirka 20 Atmosphären brennen ließ. Man erzielte dann höhere Flächenhelligkeiten und Temperaturen im Krater als die der Sonne. Für den praktischen Gebrauch eignet sich die Druckbogenlampe wegen der großen technischen Schwierigkeiten nicht. Man kann statt der Kohlen auch andere Materialien benützen, so Magnetit, Titankarbid und andere mehr. Diese Lampen haben in Europa keinerlei Verbreitung gefunden. Wichtig sind dagegen die Quecksilberbogenlampen. Bei diesen bestehen die Elektroden aus Quecksilber statt Kohlen. Da aber dieses flüssig ist, wird die Lampe als evakuierte Glasröhre ausgeführt; am Ende sind Kugeln angeschmolzen, in welchen das Quecksilber sich befindet. Wir unterscheiden Niederdruck-Quecksilberdampflampen, das sind die bekannten langen Glasröhren, die Flächenhelle ist 0,03 HK/mm^2, und die Hochspannungslampen, welche in kleine Quarzrohre eingeschlossen sind, mit der hohen Flächenhelligkeit von 3 HK/mm^2. Die Quecksilberdampflampen leuchten nicht nur infolge der Hitze, sondern auch infolge der Eigenschaft der Quecksilberdämpfe, bei Stromdurchgang ein bestimmtes Licht auszusenden. Man nennt dies Luminiszenzstrahlung. Infolgedessen fehlen die roten Strahlen fast ganz, das Licht ist blaugrün. Die Temperaturstrahlung nimmt bei den Niederdrucklampen einen geringeren, bei den Hochspannungslampen einen größeren Anteil an der Lichtausstrahlung. Die Temperatur des helleuchtenden Mittelfadens bei den Hochspannunsglampen wird mit 5000° absolut angenommen. Die Quecksilberhochspannungslampe ist die ökonomischeste Lichtquelle. Wir haben noch andere Lichtquellen, die zu den Bogenlampen gerechnet werden müssen. Das ist das Moorelicht und das Neonlicht. Es ist dies eigentlich ein Bogenlicht in verdünnten Gasen. Das Gas ist in einem Glasrohr eingeschmolzen, und werden je nach Länge des Rohres und Art des Gases verschieden hohe Spannungen durchgesendet. Stickstoff leuchtet mit rötlicher Farbe, Kohlensäure mit weißer Farbe; Blau entsteht meist durch Zusätze von Quecksilberdämpfen. Wegen der geringen Flächenhelligkeit finden sie weniger für Beleuchtungszwecke als für Reklamebeleuchtung Anwendung.

Für Projektionszwecke benötigen wir eine Lichtquelle weißer Farbe, großer Intensität und geringer Flächenausdehnung. Die günstigste Lichtquelle ist hier wohl die Bogenlampe, wobei meist Kohle mit weißen Leuchtzusätzen (Barium) genommen werden. Angenehmer in der Bedienung sind die Glühlampen, welche keiner Bedienung bedürfen, jedoch eine größere Leuchtfläche bei geringerer Flächenhelligkeit haben, so daß sie in extremen Fällen die Bogenlampe nicht vollwertig ersetzen können.

Für photographische Zwecke kommt außer der Intensität und der Farbe auch die chemische Wirksamkeit (Aktinität) in Frage. Die Strahlen sind chemisch um so wirksamer, je kurzwelliger sie sind, je mehr also das Licht an blauen Strahlen reich ist. Von den behandelten Lichtquellen ist die Aktinität am geringsten bei den Glühlampen, größer bei den offenen Kohlenbogenlampen, am größten bei den Hochspannungs-Quecksilberdampflampen und den Hochspannungsbogenlampen, das sind solche, bei welchen der Kohlenbogen unter Luftabschluß sich befindet.

Verwendet man panchromatischen Film, so muß die Farbe des Lichtes berücksichtigt werden. Es wird hier die gemischte Verwendung von Glüh- und Bogenlampen zweckmäßig sein. Handelt es sich schließlich um Farbenteilaufnahmen, so muß natürlich die Abstimmung der Bilder nach der Farbe der Lichtquelle erfolgen bzw., wenn Farbenfilter für Tageslicht verwendet werden, muß die Lichtfarbe eventuell durch Kombination verschiedenfarbiger Lichtquellen auf Gleichheit mit dem Tageslicht gebracht werden.

Jedenfalls muß ein vielfach verbreiteter Irrtum richtiggestellt werden, daß ein Licht aktinischer ist, wenn es blau wird, wenn man also irgendeiner Lichtquelle ein blaues Filter vorschalten wollte und glaubt, dadurch eine bessere photographische Wirkung zu erzielen. Tatsächlich wird durch das Farbfilter immer ein Teil der Lichtstrahlen absorbiert, das heißt das durchgelassene Licht schwächer. Wenn nun auch das absorbierte Licht bei einem blauen Filter von roter Farbe und darum geringerer Wirksamkeit auf die photographische Platte ist, wird immerhin eine gewisse Wirksamkeit auf die Platte unterdrückt, die Wirkung des gefilterten Lichtes demnach schwächer sein als die des ungefilterten.

II. Von der Optik

Die Optik (vom griechischen Stamme opto = sehen), ist jener Zweig der Physik, der sich mit allen Erscheinungen befaßt, welche mit dem Auge wahrgenommen werden können.

Wir wollen uns nur mit jenem Teile dieser Wissenschaft vertraut machen, welcher die Entstehung von Bildern durch Linsen behandelt. Es ist dies angewandte oder praktische Optik.

A. Die Abbildung

Wir nennen den Gegenstand, der abgebildet wird, das Ding (mit D bezeichnet), das Ergebnis der Abbildung das Bild (B bezeichnet). Das Abbilden von Gegenständen ist von altersher bekannt, wir nennen es zeichnen und malen. Eine solche Abbildung geht nach den Regeln der geometrischen Perspektive folgendermaßen vor sich (Abb. 3). Das Ding sei D, A das Auge des Zeichners. In P sei eine Glasplatte, das Auge blickt senkrecht darauf. Der Zeichner visiert mit dem Auge A durch das Loch L gegen die einzelnen Punkte des Dinges D und markiert die Durchstoßpunkte dieser Visierstrahlen mit der Glasplatte P. Wo ein Strahl die Glasplatte P trifft, hat er

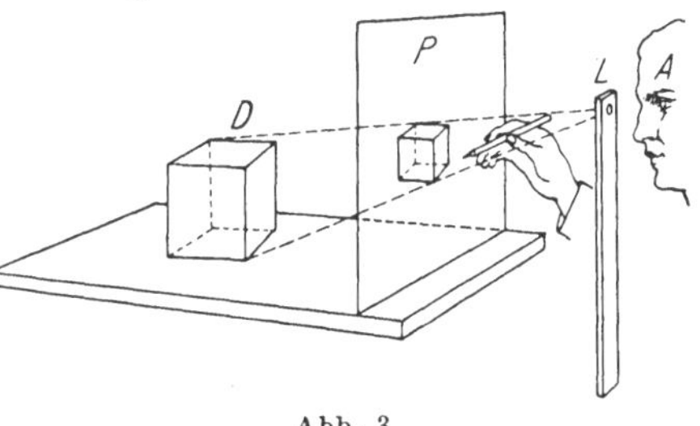

Abb. 3

ein Bild des betreffenden Punktes von D. Wenn er alle Punkte auf der Glasplatte verbindet, so erhält er ein verkleinertes, vollkommen ähnliches Bild von D. Blicken wir von A gegen die Zeichnung, so wird sie den Gegenstand vollkommen decken. Wir können jetzt D entfernen, ohne daß wir etwas merken; für das Auge ersetzt das Bild vollkommen den Gegenstand. Das gilt natürlich nur dann, wenn das Auge in A ist. Entfernt sich das Auge weiter von P, so wird die Zeichnung die Konturen von D nicht mehr decken; damit dies geschieht, müßte D kleiner werden. Das Bild wird uns einen kleineren Gegenstand D vortäuschen und umgekehrt einen größeren, wenn das Auge näher an die Zeichnung heranrückt. Wir sehen also, daß das Auge nicht die wirkliche Größe der Zeichnung beurteilt, sondern den Winkel, den die Sehstrahlen zur Zeichnung einschließen. Darauf werden wir später noch zurückkommen.

Denken wir uns jetzt die Sehstrahlen über A nach rechts verlängert bis zum Schnitte mit einer zu P parallelen Fläche, die ebensoweit rechts von A liegt als P links. Wenn wir jetzt unser Bild nehmen und so in dieser Fläche A befestigen, daß jeder verlängerte Sehstrahl seinen richtigen Bildpunkt trifft, dann müssen wir das Bild auf den Kopf stellen und überdies rechts und links vertauschen. Ich erhalte also durch Lichtstrahlen, die sich in einem Punkte schneiden, ein verkehrtes Bild des Gegenstandes; ich brauche dasselbe bloß umzudrehen und in die richtige Entfernung $A{-}P$ vom Auge zu bringen, um vollkommen den Eindruck des Gegenstandes D zu erhalten. Ein solches verkehrtes Bild können wir durch bestimmte Einrichtungen erzeugen. Bei jeder perspektivischen Abbildung besteht vollkommene Proportionalität zwischen Größe des Bildes und Abstand desselben vom Projektionspunkt, das ist hier das Visierloch L. Ist das Bild 1-, 2-, 3-, 4mal weiter von der Blende entfernt als das Ding, so ist es auch ebensoviel Male größer als das Ding und umgekehrt. Dieses Gesetz gilt auch bei der Abbildung durch Spiegel und Linsen; der Projektionspunkt ist hier der Einfallspunkt der Lichtstrahlen am Spiegel bzw. der Linse. Das Spiegelbild bei einem ebenen Spiegel ist ebensoweit vom Spiegel entfernt wie das Ding und ebenso groß. Ist G die Gegenstandgröße, B die Bildgröße, d_B der Bildabstand, d_G der Dingabstand, so ist

$$\frac{G}{B} = \frac{d_G}{d_B}. \tag{5}$$

B. Die Lochkamera

Jede optische Vorrichtung, welche dazu dient, von einem Ding ein Bild zu erzeugen, nennen wir ein optisches System. Das einfachste ist die eben beschriebene feine Lochblende in einer undurchsichtigen Wand. Dieses System verwenden wir zur Herstellung der Lochkamera.

Wir nehmen ein innen geschwärztes Kästchen. Die Rückwand ist offen; wir bekleben dieselbe mit Ölpapier oder bringen
eine Mattscheibe an, das ist unsere Bildfläche. An einer Stelle
machen wir in der Vorderwand ein feines Loch mit einer Nadel,
eine Lochblende. Von allen Lichtstrahlen können nur jene zur
Mattscheibe gelangen, welche das Loch passiert haben. Von den
dunklen Stellen geht kein Licht weg, folglich bleiben die entsprechenden Stellen der Bildfläche dunkel, die hellen Stellen des
Gegenstandes senden Licht aus und die Mattscheibe wird an den
entsprechenden Stellen hell erscheinen. Ist der Gegenstand
farbig, so wird auch das Bild farbig sein. Wir erhalten also ein
vollkommen ähnliches, jedoch verkehrtes Bild. Im allgemeinen
wird das Bild verkleinert sein, wenn nämlich die Bildfläche näher
der Lochblende steht als das Ding. Ist aber die Bildfläche weiter
vom Loch als das Ding, so wird das Bild vergrößert sein. Wir
haben so das einfachste optische Gerät zur Erzielung einer Abbildung, die Lochkamera, auch Camera obscura (dunkle Kammer)
genannt. Diese hat für photographische Zwecke drei große Vorteile,
aber auch zwei große Nachteile. Der erste Vorteil ist, daß das Bild
vollkommen ähnlich dem Gegenstand ist, der zweite, daß ich bei
jeder Entfernung der Bildfläche oder Mattscheibe von der Blende
ein gutes Bild erhalte, also jede beliebige Vergrößerung oder Verkleinerung erhalten kann, der dritte, daß diese Bilder große Tiefenschärfe haben, das heißt, daß entferntere und nähere Gegenstände
gleich scharf abgebildet werden.

Jetzt kommen aber die Nachteile. Erstens die geringe
Helligkeit der Bilder. Das Licht kann nur durch das enge Loch
eintreten. Das ist geradeso, als ob ich ein Zimmer mit einem sehr
kleinen Fenster hätte. Je kleiner das Fenster ist, desto weniger
Licht kann eindringen. Nun muß aber die Öffnung klein werden,
da sonst die Bilder unscharf werden. Diese geringe Schärfe der
Bilder ist der zweite Nachteil. Wenn das Loch so eng wäre, daß
die durchtretenden Strahlen so wie feine Linien ohne Ausdehnung
wären, dann würden im Durchstoßpunkte der Mattscheibe wirkliche
Lichtpunkte entstehen.

Die Öffnung muß aber doch eine wirkliche Ausdehnung haben.
Dann gehen von jedem Punkte des Gegenstandes Lichtbüschel
weg, feine Kegel mit der Öffnung L als Grundfläche. Diese
Büschel treffen P und es entsteht an der Stelle nicht ein Lichtpunkt sondern ein Lichtscheibchen. Dieses wird um so größer,
je weiter P von L entfernt ist. In Abb. 4 sehen wir, wie vom
Punkt A des Gegenstandes durch das Loch L ein Büschel geht,
welches in $a\,a'$ die Fläche P trifft, ebenso von B nach $b\,b'$.

$a'\,b'$ werden nicht als scharfe Punkte erscheinen, sondern verwaschen, unscharf. Wenn wir also eine brauchbare Schärfe wollen, müssen wir das Loch sehr klein machen.

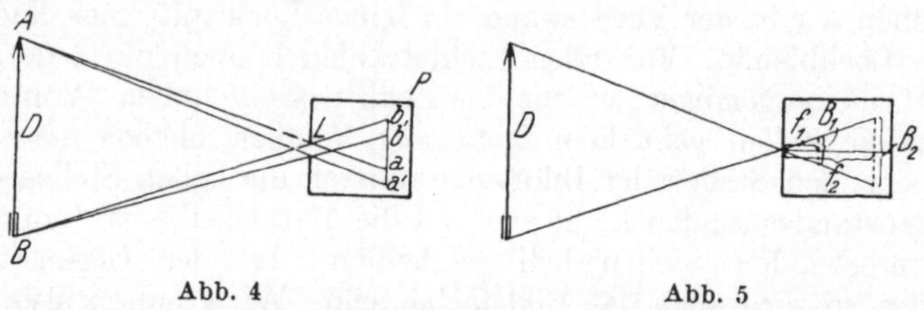

Abb. 4Abb. 5

Die Helligkeit der Bilder wird in verschiedener Entfernung vom Loche verschieden sein (Abb. 5). In der Entfernung f_1 sei die Bildhöhe B_1, in der Entfernung f_2 B_2; es verhält sich dann $B_2:B_1=f_2:f_1$. Nehmen wir an, der Gegenstand sei ein Quadrat mit der Seitenlänge D. Dann ist B_1 ein Quadrat mit der Seite B_1, B_2 ein Quadrat mit der Seite B_2. Durch das Loch kommt immer dieselbe Lichtmenge; diese muß sich in einem Fall auf das Quadrat B_1, im zweiten Fall auf das Quadrat B_2 verteilen. Die Flächen der Quadrate sind $\overline{B_1}^2$ und $\overline{B_2}^2$. Je größer die Fläche, desto kleiner die Helligkeit. Es wird sich also die Helligkeit des Bildes B_1 zur Helligkeit B_2 verhalten wie $\overline{B_2}^2:\overline{B_1}^2$. Da aber $B_2:B_1=f_2:f_1$, werden sich die Helligkeiten verhalten wie $\overline{f_2}^2:\overline{f_1}^2$, das heißt die Helligkeit eines Bildes sinkt mit dem Quadrate des Abstandes von der Öffnung. Jetzt vergrößere ich das Loch; ist dasselbe kreisförmig, so wäre der Durchmesser im ersten Falle d_1, die Fläche $\dfrac{\overline{d_1}^2\,\pi}{4}$, im zweiten Falle $\dfrac{\overline{d_2}^2\,\pi}{4}$; wenn die Durchmesser sich wie $\dfrac{d_1}{d_2}$ verhalten, so die Flächen wie $d_1^2:d_2^2$. Mit der Größe der Fläche wächst aber die eindringende Lichtmenge proportional. Es werden sich also die Helligkeiten verhalten wie $d_1^2:d_2^2$. Es ist also das Verhältnis $\left(\dfrac{d}{f}\right)^2$ direkt ein Maß für die Helligkeit des Bildes. Je größer der Durchmesser der Öffnung, desto heller im quadratischen Verhältnis ist das Bild, je weiter entfernt von der Öffnung, ebenfalls im quadratischen Verhältnis, desto dunkler ist das Bild. Wir werden später bei den Linsen dasselbe Gesetz finden.

Wenn wir uns noch einmal Gegenstand und Bild bei der Lochkamera betrachten, so können wir die Sache auch umgekehrt auffassen, das heißt, wir können vom Bild sagen, es sei der Gegenstand und den Gegenstand als Bild auffassen. Wir müssen nur die Richtung der Lichtstrahlen im entgegengesetzten Sinne nehmen. Dies ist bei jeder perspektivischen Darstellung möglich. Wenn ich beispielsweise ein Filmbild auf einen Schirm vergrößert projiziere, so ist auch umgekehrt, wenn das Schirmbild als Gegenstand aufgefaßt wird, der Film das Bild (Gl. 5). Wie wir gesehen haben, kann die Lochkamera wegen ihrer geringen Helligkeit für rasche Momentaufnahmen nicht Verwendung finden. Die Lichtöffnung ist zu klein. Wenn wir helle Bilder wollen, müssen wir es machen wie in einem Zimmer mit zu kleinem Fenster; wir müssen ein größeres Fenster ausbrechen. Dieses Fenster, wie wir es brauchen, soll aber nicht nur Licht hereinlassen, sondern auch die Außenwelt abbilden. Es muß also eine besondere Gestalt erhalten. Ein solches Fenster ist das photographische Objektiv, das einfachste eine Linse. Ehe wir uns die Wirkungsweise einer Linse klar machen können, müssen wir die Veränderungen kennen lernen, die das Licht erfährt, wenn es auf brechende oder spiegelnde Fläche trifft. Da die Erscheinungen der Spiegelung viel einfacher sind und wir in der Kinematographie mit spiegelnden Flächen häufig arbeiten müssen, wollen wir zunächst die letzteren eingehend betrachten.

C. Die Spiegelung oder Reflexion

1. Ebene Spiegel

Das Licht bewegt sich immer von seinem Entstehungspunkte geradlinig weiter. Trifft es auf einen undurchsichtigen Körper, so wird es aufgehalten. Hat der Körper eine polierte glänzende Oberfläche, so wird das Licht zurückgeworfen, reflektiert, gespiegelt. Dieses Zurückwerfen erfolgt so wie bei einem Ball, etwa einer Billardkugel, die auf eine feste Wand trifft. Das Abprallen erfolgt so, daß der Winkel, den die Bahn des Balles vor dem Stoße gegen die Wand hatte, derselbe ist wie nach dem Stoße nur in entgegengesetzter Richtung. Der Lichtstrahl sei L, im Punkt E trifft er den Spiegel. Im Punkt E ziehen wir eine Senkrechte S zur Spiegelfläche das Einfallslot, dann wird der Strahl nach L' zurückgeworfen und es ist der $\sphericalangle L\,E\,S = \sphericalangle S\,E\,L'$. Ein senkrecht einfallender Strahl, also Strahl S, wird in sich selbst zurückgeworfen. Wir wissen, wenn ein Gegenstand vor dem Spiegel steht, so entsteht im Spiegel ein Bild von ihm. Wir wollen nun das Spiegelbild eines Lichtpunktes P durch Zeichnung bestimmen.

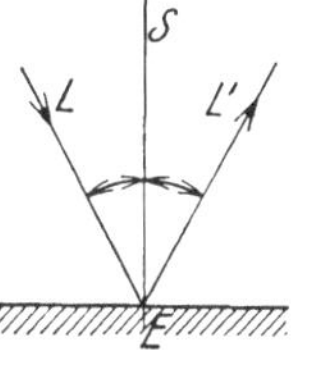

Abb. 6

Zu diesem Zwecke verwenden wir ein Verfahren, welches sehr einfach ist und bei allen Bildkonstruktionen der Optik

Anwendung findet. Von einem Punkt eines Gegenstandes gehen nach allen Richtungen Lichtstrahlen geradlinig weg. Trifft einer dieser Strahlen auf seinem Weg ein optisches System (etwa den Spiegel), so wird seine Richtung, wie schon gesagt, eine Veränderung erleiden, er wird geknickt und setzt dann seinen Weg wieder geradlinig fort. Dieser geknickte Strahl ist das Bild, welches das optische System vom ursprünglichen Strahl entwirft. Das Bild des geknickten Lichtstrahles besteht eigentlich aus den unendlich vielen Bildpunkten, aller jener Punkte, die den ursprünglichen Strahl bildeten. Es enthält folglich das Bild des Strahles auch das Bild des Lichtpunktes, von dem der Dingstrahl ausging. Welcher der unendlich vielen Punkte des Bildstrahles er ist, wissen wir allerdings noch nicht. Wir nehmen nun einen zweiten vom Punkte kommenden Lichtstrahl und bestimmen, in welcher Richtung dieser abgelenkt wird. Von diesem Strahlenbild gilt dasselbe wie vom ersten; er muß das Bild des Lichtpunktes enthalten. Wir haben also 2 Gerade, auf denen das Bild des Lichtpunktes liegen muß. Diese beiden Geraden schneiden sich nun in einem Punkte. Nur dieser Punkt hat die Eigenschaft, daß er auf beiden Geraden gleichzeitig liegt, folglich kann nur er das Bild des Lichtpunktes sein.

Wir müssen hierbei folgendes berücksichtigen. Aus dem Gange des Lichtstrahles sehen wir die Richtung des Lichtes. Wenn sich nun die Strahlenbilder in der Fortpflanzungsrichtung des Lichtes verlängert schneiden, so entsteht in dem Schnittpunkt der Lichtpunkt wirklich; ich kann ihn auf einem Schirm auffangen oder in einem dunklen Raume durch den Staub der Luft, den hellleuchtenden Schnittpunkt der Strahlen, direkt sehen; man nennt ein solches Bild reell, wirklich. Muß ich dagegen die Strahlen entgegen der Lichtrichtung verlängern, damit sie sich schneiden, so heißt dies, daß dieser Schnittpunkt und auch das Bild nicht wirklich entstehen, das Bild ist unwirklich, ein Scheinbild. Das Bild läßt sich nicht auf einem Schirm auffangen. Dieser Schnittpunkt des Strahles bedeutet, daß es so aussieht, als ob die Strahlen von diesem Punkte kämen, den sie aber in Wirklichkeit nie erreichen. Solchen Scheinbildern werden wir bei Spiegeln und Linsen oft begegnen.

Wir wenden nun die gegebene Regel auf den Spiegel an. Wir ziehen (Abb. 7) von Punkt P den Lichtstrahl $P E_1$, ziehen das Einfallslot $E_1 S_1$, nehmen den $\sphericalangle S_1 E_1 X_1 = \sphericalangle P E_1 S_1$, dann ist $E_1 X_1$ das Bild des Strahles $P E_1$. Ebenso ziehen wir $P E_2$ und erhalten das Bild $E_2 X_2$. Wir verlängern nun $E_1 X_1$ und $E_2 X_2$ bis zum Schnitte P', dann ist P' das Bild von P. Wir sehen, daß

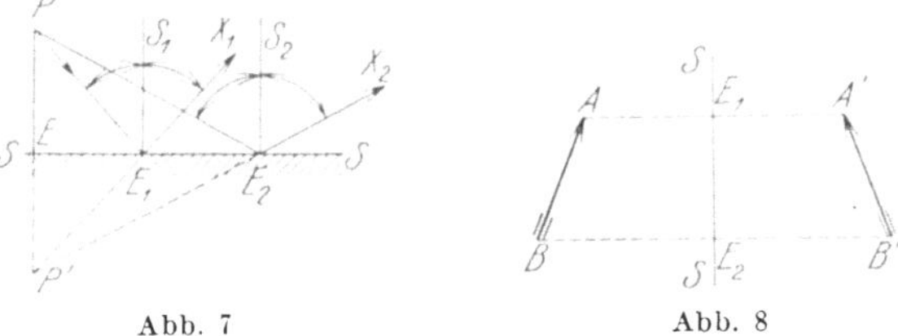

<table>
<tr><td>Abb. 7</td><td>Abb. 8</td></tr>
</table>

die Verbindungslinie $P P'$ senkrecht zur Spiegelfläche steht und $P E = P' E$, das heißt, das Bild P' liegt so weit hinter dem Spiegel, als P vor dem Spiegel (Gl. 5). Wir sehen uns nun die Lichtrichtung an. Der Strahl $P E_1$ und $P E_2$ wird vom Spiegel zurückgeworfen, das heißt, die Lichtrichtung ist von E_1 nach X_1 von E_2 nach X_2. Die Lichtstrahlen laufen nach der Spiegelung auseinander. Wir mußten also die Strahlen nach rückwärts verlängern. Der Bildpunkt P' ist ein Scheinbild. Man kann das Bild auf einem Schirme nicht auffangen.

Wir wollen nun das Bild eines ausgedehnten Gegenstandes bestimmen (Abb. 8). Dann wissen wir, daß von jedem Punkte des Gegenstandes Lichtstrahlen ausgehen. Wenn wir beispielsweise die Gerade $A B$ als Gegenstand nehmen, so entwerfen wir die Bilder der Endpunkte. Die Verbindungslinie derselben ist dann das Bild der Geraden. Da wir wissen, daß das Bild jedes Punktes ebensoweit hinter dem Spiegel liegt als der Gegenstand vor dem Spiegel, so ziehen wir von A und B die Senkrechten $A E_1$ und $B E_2$ auf den Spiegel, machen $E_1 A' = E_1 A$, $E_2 B' = E_2 B$, dann ist $A' B'$ das Spiegelbild. Auch dieses ist natürlich ein Scheinbild gleicher Größe wie das Ding (Gl. 5). Das Spiegelbild zeigt aber einen wesentlichen Unterschied gegenüber dem Ding, es ist

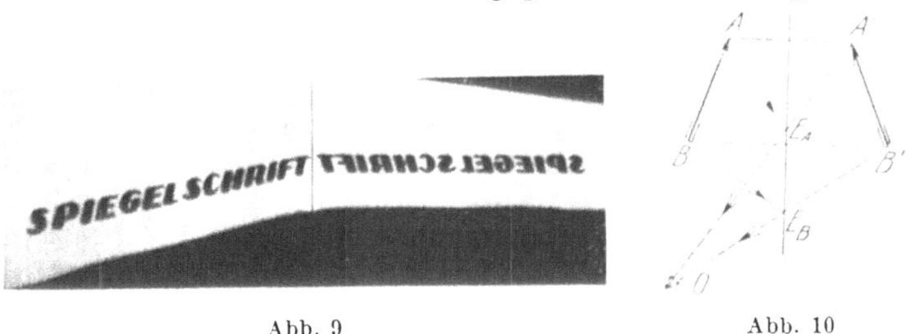

<table>
<tr><td>Abb. 9</td><td>Abb. 10</td></tr>
</table>

nämlich seitenverkehrt oder wie man auch sagt spiegelverkehrt. Rechts und links erscheinen vertauscht. Abb. 9 zeigt eine solche

Aufnahme. Wie kommt es nun, daß man ein solches Bild, trotzdem es unwirklich ist, doch mit der Kamera aufnehmen und mit dem Auge sehen kann?

Um dies zu zeigen, zeichnen wir uns den Spiegel und vor ihm das Auge O des Beschauers (Abb. 10). Der Gegenstand AB hat sein Spiegelbild in $A'B'$. Denken wir uns die Strahlen von A' und B' zum Auge O gezogen, so sieht das Auge in dieser Richtung das Spiegelbild. Wieso sind von den gar nicht exi-stierenden Lichtpunkten A' und B' Strahlen in das Auge gelangt? Ziehe ich zum Einfallspunkt E_A den Einfallsstrahl $A E_A$, so muß nach der Konstruktion der Strahl $O E_A A'$ der reflektierte Lichtstrahl sein: dieser hat die Richtung von E_A nach O, ist also ein wirklicher Lichtstrahl, die geknickte Fortsetzung von $A E_A$, ebenso beim Strahl $B E_B$. Was das Auge trifft, ist gar nicht der Strahl von einem Punkte des Spiegelbildes, sondern der vom Gegenstande kommende und am Spiegel zurückgeworfene geknickte Strahl.

Durch seine Erfahrung im Sehen ist aber der Mensch gewohnt, bei einem Eindruck, der das Auge trifft, die Ursache, das heißt die Lichtquelle, immer in der geradlinigen Verlängerung des einfallenden Strahles zu suchen. Diese führt das Auge zum Punkte des Spiegelbildes. Es wird also das Spiegelbild als wirklich gesehen. Das Auge stellt eine kleine photographische Kamera vor.

Wenn ich an Stelle des Auges eine Lochkamera setze, so werden die reflektierten Lichtstrahlen ebenso die Mattscheibe treffen wie früher das Auge und ich erhalte ein Bild des Gegenstandes.

Man kann also den Satz aussprechen: Scheinbilder sind im optischen Sinn als nicht vorhanden zu bezeichnen. Sie treten erst in Erscheinung bei ihrer Abbildung durch ein geeignetes optisches System. Das ist so zu verstehen: Ein Gegenstand der Lichtstrahlen aussendet, ist im optischen Sinn immer vorhanden, ob ich ihn sehe oder nicht. Das Spiegelbild dagegen sendet keine Lichtstrahlen aus, es ist optisch nicht vorhanden. Erst wenn ich durch ein optisches System, etwa die Lochkamera oder das Auge, ein wirkliches Bild davon entwerfe, erhält es Wirklichkeit.

Wenn wir Abb. 10 nochmals betrachten, fällt uns folgendes auf: Wir können, ohne die Sichtbarkeit des Spiegelbildes zu ändern, die ganze Spiegelfläche bis auf das Stück $E_A E_B$ entfernen, denn nur die Strahlen, welche diesen Spiegelteil treffen, gelangen ins Auge. Wir haben früher gefunden, daß das Spiegelbild, wenn wir den senkrechten Einfallsstrahl ziehen, ebensoweit hinter dem

Spiegel liegt als der Gegenstand vor dem Spiegel. Der Spiegelteil $E_A E_B$ liegt aber jetzt gar nicht auf der senkrechten Verbindungslinie zweier zusammengehöriger Bild- und Gegenstandspunkte ($A A'$): wir sehen daraus wieder, daß es nur ein Scheinbild ist. Wenn wir aber ein Spiegelbild sehen oder photographisch aufnehmen wollen, können wir immer das Bild nach der früheren Regel konstruieren, wo aber der Spiegel wirklich stehen muß, das erfahren wir erst aus den gezogenen Sehstrahlen, welche den reflektierten Strahlen entsprechen. Wie man sieht, kann der Spiegel viel kleiner sein als der Gegenstand. Er ist, wie wir später (S. 59) sehen werden, die Gesichtsfeldblende.

Heute findet der ebene Spiegel vielfach Verwendung in der Kinoaufnahmetechnik. Abb. 11 zeigt einen derartigen Fall.

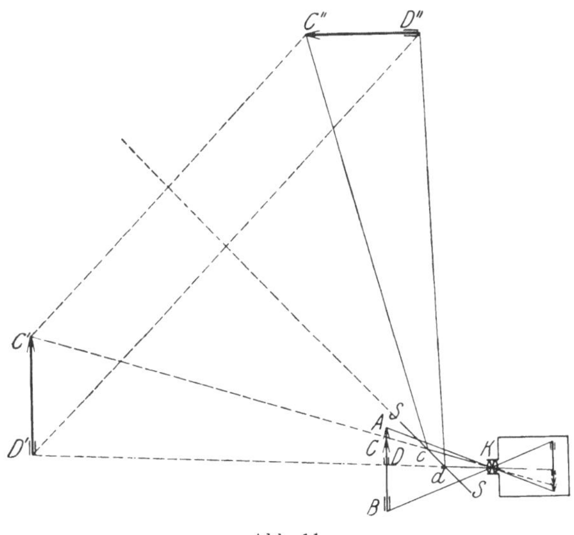

Abb. 11

$A B$ ist ein kleines Modell, etwa eine Hausfront: dieses steht so nahe von der Kamera K, daß es in der Kinoprojektion in der Größe eines wirklichen Hauses erscheint. Am Haustor $C D$ soll nun eine von Schauspielern dargestellte Handlung sich abspielen. Das Haustor muß dann in natürlicher Größe aufgebaut sein. Es darf aber seine scheinbare Größe nur so groß wie $C D$ sein, das ist wie es auf dem Modell erscheint. Wenn ich die entsprechenden Strahlen $K C$, $K D$ verlängere, so finde ich, daß bei $C' D'$ das wirkliche Tor stehen müßte, damit es in der Ebene $A B$ so groß wie $C D$ erscheine. Zu dem Zwecke müßte natürlich das Modell an der Stelle $C\,D$ durchsichtig, das heißt ausgeschnitten sein. Ich stelle aber das Tor nicht in $C'\,D'$ auf, sondern nehme einen Spiegel $S\,S$, ziehe von $C'\,D'$ auf $S\,S$ die Senkrechten und bestimme das Spiegelbild $C''\,D''$, ziehe dann vom Schnittpunkt $c\,d$, von $K\,C$ und $K\,D$ mit $S\,S$ die Einfallsstrahlen, so habe ich dieselbe Wirkung, als wenn das Tor in $C'\,D'$ stünde. Wie man sieht, kann der Spiegel immer kleiner werden, je näher er der Kamera steht. Je nach der Neigung des Spiegels muß ich $C''\,D''$ an einem anderen Orte aufstellen. Ebenso kann ich durch Drehen des Spiegels $C\,D$ in der Ebene $A\,B$ hin und her wandern lassen. Ich bin also in der Wahl des Ortes von $C''\,D''$ viel freier. Natürlich muß der Spiegel an der Stelle, an welcher er Teile der Modelle $A\,B$ verdeckt, durchsichtig, der Belag entfernt sein, damit das Modell aufgenommen werden kann.

Verwendet man 2 Spiegel, die zueinander im Winkel stehen, Winkelspiegel, so kann man ein Bild leicht umkehren. Man kann dies für Projektionszwecke benützen, wenn man etwa einen Film in umgekehrter Zeitfolge, das Ende zuerst, abspielen will. In Abb. 12 ist $A\,B$ der Gegenstand, $A'\,B'$ das Bild durch den ersten Spiegel S_1, welcher praktisch zur Bildebene unter 45^0 steht, $A''\,B''$ das Bild, das vom ersten Spiegel-

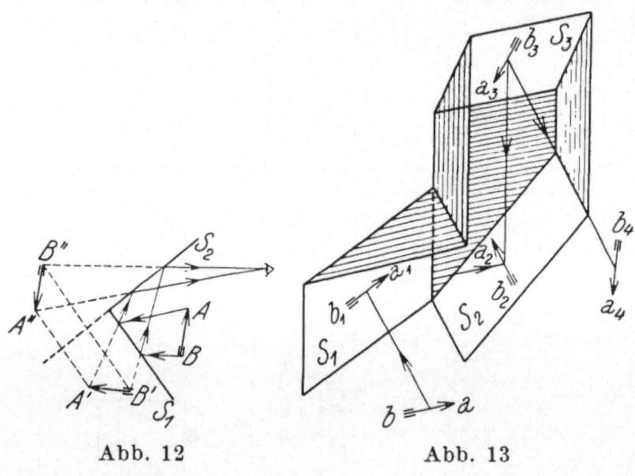

Abb. 12   Abb. 13

bilde durch den zweiten Spiegel S_2 entworfen wird; dieses steht gegenüber dem Gegenstand auf dem Kopf.

Man kann auch eine Verdrehung um 90^0 erzielen. Wenn man beispielsweise das Filmbild durch Spiegel um 90^0 verdreht, so steht der Film nicht in Quer-, sondern in Hochformat.

Die Stellung der Spiegel zeigt Abb. 13. Spiegel S_1 steht senkrecht auf der Zeichenebene, er gibt das Bild $a_1\,b_1$; Spiegel S_2 steht senkrecht zu S_1 unter 45^0 gegen die Zeichenebene geneigt, das Bild ist $a_2\,b_2$. Spiegel S_3 steht unter 45^0 gegen die Zeichenebene geneigt senkrecht zu S_2, das Bild ist $a_3\,b_3$ bzw. $a_4\,b_4$, es ist um 90^0 gegen $a\,b$ verdreht und liegt in einer zum Gegenstande senkrechten Ebene.

Wenn man in einen Spiegel senkrecht hineinblickt, so bemerkt man etwaige Fehler des Spiegels nicht. Weil jedes einzelne Strahlenbüschel nur einen kleinen Teil des Spiegels enthält, dadurch werden Schlieren und andere Fehler nicht wahrgenommen. Um einen Spiegel, der für Aufnahmezwecke Verwendung finden soll, zu prüfen, wendet man folgenden Kunstgriff an.

Man betrachtet ein regelmäßiges Liniennetz, etwa Millimeterpapier, derart, daß das Auge sehr schräg zum Spiegel steht, wie Abb. 14 zeigt. Dann nimmt das kleine Lichtbüschel, das zum Auge kommt, einen großen Teil der Spiegelfläche ein und alle Fehler werden durch Verzerrung des Liniennetzes sichtbar.

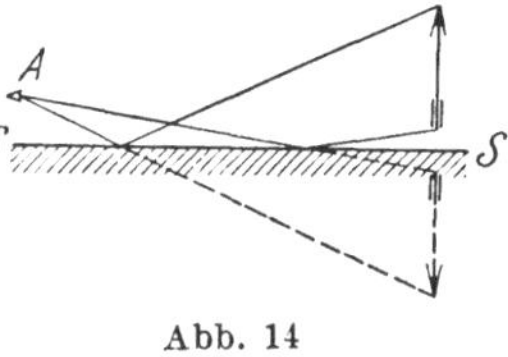

Abb. 14

Gute Spiegel, die im Handel zu haben sind, bestehen aus geschliffenem und poliertem Spiegelglas. Die Spiegelfläche besteht aus Silber. Man erhält diesen Silberbeschlag, indem entsprechend chemisch zusammengesetzte Flüssigkeiten auf die Glasfläche ausgegossen werden, aus denen sich das Silber auf der Glasfläche abscheidet. Zum Schutze wird dann die Silberfläche lackiert. Soll der Spiegel große Hitze aushalten, wie bei den Scheinwerferspiegeln für Projektions- und Beleuchtungszwecke, so wird die Silberfläche galvanisiert, verkupfert, sie kann dann die Wärme besser ableiten. Diese Spiegel sind hinterlegte Spiegel. Für optische Zwecke haben sie einen großen Nachteil, sie geben nämlich Doppelbilder. Es entsteht ein Spiegelbild, das lichtschwächer ist, von der ersten Glasfläche B_g und das eigentliche Spiegelbild (Abb. 15) von der Silberfläche B_s. In der Fläche eines Gegenstandes überdecken sich die Bilder und man bemerkt sie nicht. An den Konturen des Gegenstandes, besonders wo Hell gegen Dunkel sich abhebt, sind sie deutlich wahrnehmbar. Je dicker das Glas ist und je schräger Kamera oder Auge gegen den Spiegel stehen, desto stärker weichen die Lagen der Bilder voneinander ab, desto stärker machen sich die Doppelkonturen bemerkbar, auch aus dem Grunde, weil das vordere Spiegelbild immer stärker wird, je schräger der Strahl einfällt (Abb. 15).

Würde man z. B. ein Strahlenbüschel ablenken (Abb. 16), so sehen wir, wie die Strahlen zum Schnittpunkte P zusammenlaufen. In $S\,S$ steht ein hinterlegter Spiegel, $G\,G$ ist die Glasfläche. Dann finden wir den Punkt, nach dem die Strahlen abgelenkt werden, indem wir von P das Spiegelbild P_s durch den Spiegel und P_g durch die Glasfläche ziehen. Die Strahlen werden also

vom Spiegel weg zum Punkte P_g und P_s zusammen- und dann
wieder auseinanderlaufen; statt eines Büschels habe ich jetzt zwei.

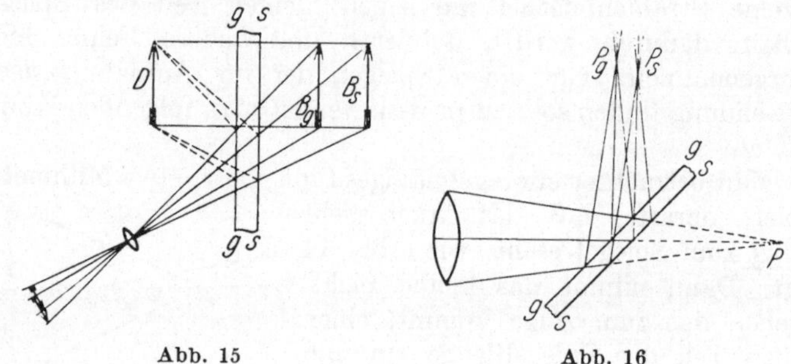

Abb. 15　　　　　　　　　　　　　　Abb. 16

Günstig ist es bei Spiegelaufnahmen, wenn die Glasdicke möglichst
gering ist, nur ist es dann schwer, große Spiegel genügend eben
zu erhalten.

　　Falls es nicht anders möglich ist, muß man Oberflächen-
spiegel verwenden. Man verwendet dann die versilberte Glasseite
als Spiegel. Der Nachteil ist der, daß der Silberspiegel bald
gelb wird; es muß dann das Glas frisch versilbert werden. Ein
oberflächenversilberter Glasspiegel kann gegen das Blindwerden
wirksam geschützt werden, wenn man ihn mit bestem Zaponlack
rasch übergießt, abtropfen und staubfrei trocknen läßt. Er gibt
allerdings auch Doppelbilder, doch ist die Konturenverdoppelung
wegen der Dünnheit der Schichte so gering, daß sie nicht zu bemerken sind. Die Reflexionskraft ist allerdings geringer als beim
nicht überzogenen Spiegel. Ebene Spiegel aus anderem Material,
etwa Metall, kommen wegen der hohen Kosten nicht in Betracht.
Die gewöhnlichen Handelsprodukte sind für Aufnahmezwecke
unverwendbar. Es ist sehr schwer, eine so ebene Metallfläche zu
erzeugen, wie ein gewöhnlicher Glasspiegel ist.

2. Hohlspiegel

Bis jetzt hatten wir den Fall, daß das Licht an einer Ebene
zurückgeworfen wird. Wir wollen nun den Fall einer gekrümmten
Fläche betrachten, die ein Stück einer Hohlkugel sei. In der
Zeichenebene erscheint dann der Spiegel als ein Kreisbogen[1]).
Das Licht treffe die hohle, konkave (vom Lateinischen: cavus

---

　　[1]) Jede Gerade, die wir durch den Kugelmittelpunkt ziehen,
nennen wir eine optische Achse des Spiegels. Es hat demnach
jeder Kugelspiegel unendlich (∞) viele optische Achsen, welche alle
unter sich vollkommen gleichwertig sind.

hohl) Seite. In Abb. 17 sehen wir den Kugelspiegel SS; der Mittelpunkt der Kugel sei M, L der Lichtstrahl, E der Einfallspunkt. Im Punkte E können wir nun eine Tangente TT an den Kreis zeichnen; diese gibt die Richtung an, welche der Kreis SS im Punkte E hat. Ziehen wir zum Punkte E den Kreisradius ME, so muß die Tangente auf

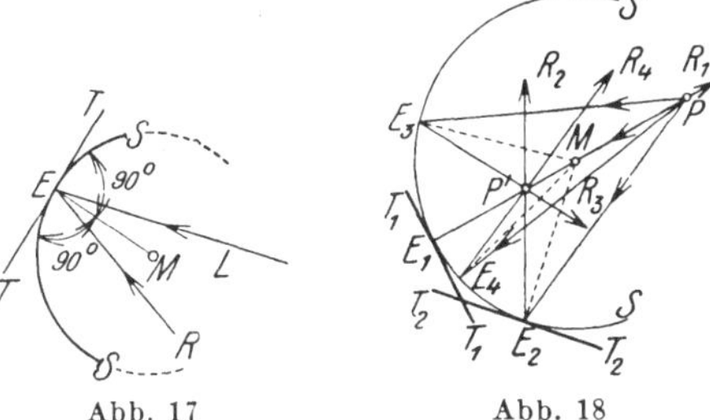

Abb. 17   Abb. 18

dem Radius senkrecht stehen. Wäre ME ein Faden, an dem eine kleine Kugel befestigt wäre und würde man die Kugel im Kreise schwingen und im Punkte E plötzlich den Faden auslassen, so würde die Kugel geradlinig in der Richtung der Tangente TT wegfliegen; daraus sehen wir, daß TT die Richtung des Kreises in dem Punkte ist.

Es stellt uns folglich die Ebene TT die Ebene vor, welche im Punkte E ebenso gerichtet ist wie der Spiegel; dann ist der Radius das Einfallslot und $\sphericalangle\, LEM$ der Einfallswinkel. Wenn wir daher $\sphericalangle\, MER = \sphericalangle\, LEM$ nehmen, so ist ER der zurückgeworfene Strahl. Wir wollen nun wie früher zu einem Punkte das Bild suchen (Abb. 18). Wir ziehen zuerst den Strahl PM; dieser schneidet den Spiegel SS in E_1. Dann liegt das Bild des Punktes auf der Geraden E_1R_1, da dieser Strahl als Durchmesser senkrecht auf der Spiegeltangente TT auffällt, also in sich selbst reflektiert wird. Dann nehmen wir einen zweiten Strahl PE_2, ziehen ME_2 und den reflektierten Strahl und finden, daß dieser nach E_2R_2 reflektiert wird; dieser schneidet den ersten Strahl in P', hier muß also das Bild von P sein. Die Strahlen treffen sich hier in der Lichtstrahlenrichtung, also ist das Bild wirklich, ich kann es auf einen Schirm auffangen. Zur Probe ziehen wir von P aus noch einige Strahlen PE_3, PE_4, dann sehen wir, daß die reflektierten Strahlen sich so ziemlich, aber nicht genau, im Punkte P' schneiden. Wir sehen ferner, daß die Abweichung immer größer wird, je mehr gegen den Rand des Spiegels der Strahl einfällt. Wir werden diese Abweichung später genauer behandeln. Jedenfalls ist die Wirkung die, daß wir auf dem Schirm statt eines Lichtpunktes ein kleines Lichtscheibchen erhalten.

Wenn wir nun mit unserem Lichtpunkt auf der Geraden PM immer weiter nach rechts wandern, so wird der Winkel, den die vom Punkt gegen den Spiegel zielenden Strahlen untereinander einschließen, immer kleiner; rückt der Punkt sehr weit nach rechts, einige Meter etwa, so wird der Winkel so klein, daß wir ihn mit dem Auge nicht mehr wahrnehmen können. Die Strahlen werden alle gleichgerichtet erscheinen. Rückt schließlich der Punkt so weit, daß wir auch mit den feinsten Meßinstrumenten den Winkel nicht mehr messen können, dann nennen wir die Strahlen parallel. Das sind z. B. Strahlen, die von einem Punkt eines Gestirnes kommen.

Wäre z. B. ein Gegenstand 10 m vom Spiegel entfernt und hätte der Spiegel 5 cm Durchmesser, so geht von jedem Punkte des Gegenstandes ein Strahlenbüschel aus, welches bis zum Spiegel um 5 cm auseinanderläuft, es sind also schlanke Kreiskegel mit einer Höhe von 10 m und einer Grundfläche von 5 cm Durchmesser.

Würden wir ein derartiges Strahlenbüschel auf einem Blatt Papier von 50 cm Länge im richtigen Verhältnis zeichnen, so hätten wir die Höhe des Kegels von 10 m = 1000 cm auf 50 cm verkleinert, also auf $\frac{1}{20}$, ebenso müssen wir dann den Durchmesser des Spiegels auf $\frac{1}{20}$ verkleinern, das ist $\frac{50}{20} = 2{,}5$ mm. Würde der Abstand des Gegenstandes 100 m sein, so würde der Abstand der Linien 10mal kleiner, also $0{,}25 = \frac{1}{4}$ mm sein. Es wird mit dem Auge der Unterschied von Parallelen kaum mehr wahrzunehmen sein. Bei 1 km Entfernung wird der Spiegel im selben Verkleinerungsmaßstabe $\frac{1}{40}$ mm. Strahlen, die vom Monde kommen, werden bei dessen Entfernung von 400 000 km nur um $\frac{1}{40 \cdot 400\,000} = \frac{1}{16\,000\,000}$ mm und gar die von der Sonne in 150 000 000 km Entfernung um $\frac{1}{6\,000\,000\,000}$ mm differieren. Es kommen also selbst bei den größten Objektiven und Hohlspiegeln Werte der Divergenz heraus, welche weit unter der Grenze jeder irdischen Meßbarkeit liegen. Wir sollen nun zu so einem unendlich fernen Sonnenpunkt das Bild suchen. Wir finden (Abb. 19) dann einen Punkt F in der Mitte zwischen S und M. Trotzdem also der Dingpunkt unendlich weit entfernt ist, ist sein Bild nahe beim Spiegel gelegen. Weil alle Sonnenstrahlen in diesem Punkt gesammelt werden, wird die Helligkeit und Wärme in diesem Punkte sehr groß sein. Man nennt ihn deshalb den Brennpunkt.

Der Brennpunkt ist das durch ein optisches System entworfene Bild eines parallelen Strahlenbüschels oder eines unendlich fernen Ding-punktes. Wir können aber den Weg der Lichtstrahlen auch umkehren, ohne daß sich etwas ändert. Dann ist der leuchtende Punkt im Brennpunkt und die Strahlen treten dann, einander parallel, aus. Parallele Strahlen geben, wie wir gesehen haben, erst in unendlicher Entfernung einen Schnittpunkt, daß heißt ein Bild. Von einem im Brenn-punkte befindlichen leuchtenden Punkt

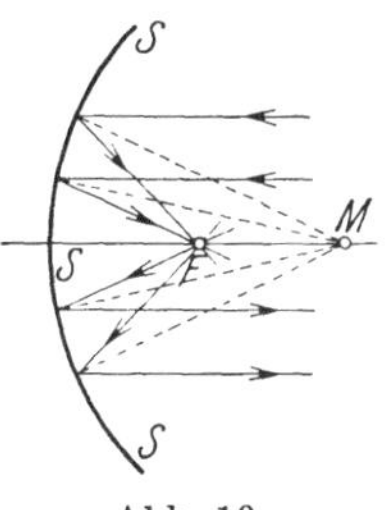

Abb. 19

entwirft ein optisches System einen Bildpunkt im Unendlichen; die Strahlen treten parallel aus. Es gibt noch eine Stellung des Punktes, in welcher wir das Bild sofort feststellen können. Das ist der Fall, wenn der Punkt im Mittel-punkt des Spiegels in M steht. Dann ist jeder Strahl ein Radius. Dieser wird aber, da er zu der Tangente senkrecht steht, in sich selbst zurückgeworfen und alle Radien schneiden sich im Mittelpunkt. Es entsteht also das Bild an derselben Stelle wie der Gegenstand.

Nach dem Gesagten ist es sehr leicht, sofort zu bestimmen, wo das Bild eines Punktes entstehen muß. Ist der Punkt in sehr großer Entfernung, so ist das Bild im Brennpunkte. Rückt der Punkt von der großen Entfernung bis in den Mittelpunkt M, so wandert das Bild nur vom Brennpunkt bis M, dort treffen sich Dingpunkt und Bild. Geht der Punkt über M näher an den Spiegel, so rückt das Bild über M hinaus, und zwar sehr schnell.

Kommt der Punkt in den Brennpunkt, so rückt das Bild in unendliche Entfernung. Wir betrachten nun das entstehende Strahlenbüschel. Ist der Dingpunkt in großer Entfernung, so ist das Bildbüschel sehr kurz, wir sagen, es ist stark konvergent (gegen-einanderlaufend). Je näher der Dingpunkt rückt, desto schlanker, desto weniger konver-gent wird das Büschel. Im Punkte M sind beide Büschel identisch; dann wird das Bildbüschel

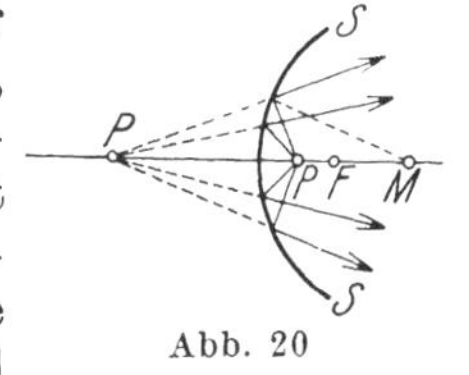

Abb. 20

immer schlanker, bis es parallel wird. Wenn jetzt der Punkt über den Brennpunkt näher gegen den Spiegel rückt (Abb. 20), dann gehen die einzelnen Büschelstrahlen auseinander, das Büschel ist divergent, der Schnittpunkt der Strahlen ist nicht mehr in der Lichtfortpflanzung. Das ist ja auch klar, denn weiter als in unendlicher Entfernung kann ein Schnittpunkt nicht existieren. Die Strahlen schneiden sich jetzt links hinter dem Spiegel in ihrer Verlängerung entgegen der Lichtrichtung, das Bild ist sonach ein Scheinbild geworden. Ausgenommen den letzten Fall, gibt der Hohlspiegel von einem Punkt immer wirkliche Bilder, das heißt, er sammelt das Licht in einem Punkte, man nennt ihn daher Sammelspiegel.

Wir haben bis jetzt angenommen, daß die Lichtquelle punktförmig sei. Jetzt wollen wir aber eine ausgedehnte annehmen, etwa eine Kerzenflamme. Wir denken uns die optische Achse des Spiegels horizontal der Kerze senkrecht dazu (Abb. 21). Wir ziehen nun durch den obersten Punkt der Kerze A einen Lichtstrahl durch den Spiegelmittelpunkt $M\,A\,E_1$, dieser wird in sich selbst reflektiert. Dann ziehen wir einen Strahl durch den Brennpunkt F, dieser wird parallel zur Achse reflektiert $E_3\,A'$ und einen Strahl achsparallel $A\,E_2$, dieser wird zum Brennpunkt reflektiert $E_2\,F$; wo diese sich schneiden, ist das Bild des obersten Punktes der Kerze.

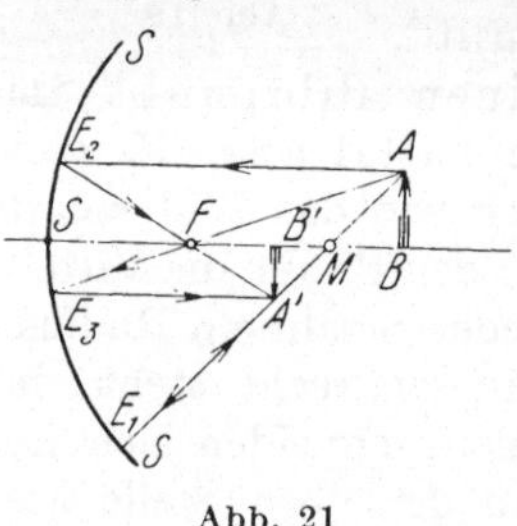

Abb. 21

Da diese zur optischen Achse senkrecht steht, muß dies beim Bild ebenso sein. Wenn wir also die Senkrechte zur Achse ziehen, erhalten wir das Bild der Kerze; wie wir sehen, ist dasselbe verkehrt. Wenn wir rechnerisch bestimmen wollen, wo das Bild eines Gegenstandes entsteht, so bezeichnen wir mit $F\,B = x$ die Entfernung des Dinges vom Brennpunkte, mit $F\,B' = x'$ die Entfernung des Bildes vom Brennpunkte $f = S\,F$ ist die Brennweite des Spiegels.

Dann verhält sich in den $\triangle\,A\,B\,F$ und $S\,E_3\,F$, da $S\,E_3 = A'\,B'$ ist, $A\,B : S\,E_3 = F\,B : f$ oder $\dfrac{A\,B}{A'\,B'} = \dfrac{x}{f}$. Weiters verhält sich in den $\triangle\,E_2\,S\,F$ und $A'\,B'\,F$, da $S\,E_2 = A\,B$, $\dfrac{A\,B}{A'\,B'} = \dfrac{f}{x'}$.

Das Verhältnis der Größen von Ding und Bild bezeichnen wir als Vergrößerung V. Es ist also $V = \dfrac{x}{f} = \dfrac{f}{x'}$, daraus ergibt sich auch $x\,x' = f^2$. (Man kann dies auch nach Gleichung 5 bestimmen.)

$$V = \frac{x}{f} = \frac{f}{x'} \qquad\qquad (6)$$
$$x\,x^2 = f^2.$$

Diese beiden Gleichungen heißen die Abbildungsgleichungen, sie ermöglichen zu jedem Dinge sofort das Bild der Lage und der Größe nach zu bestimmen.

Steht das Ding im Mittelpunkt des Spiegels M, so auch das Bild; daher ist $x\,x' = x^2 = f^2$, daher $x = f$, daraus ergibt sich $x + f = r$ oder $f + f = r$,

$$f = \frac{r}{2}. \tag{7}$$

Die Brennweite des Kugelhohlspiegels ist gleich dem halben Kugelradius.

Es ist jetzt die Frage, wie das Bild aussieht, wenn das Ding in unendliche Entfernung rückt. Der Gegenstand hat dann einen Punkt auf der Achse, dieser hat sein Bild im Brennpunkt, da der Gegenstand achssenkrecht ist, muß auch das Bild achssenkrecht sein, das Bild muß also die im Brennpunkte zur Achse senkrechte Ebene sein. Diese nennen wir die Brennebene.

Ein unendlich fernes, zur Achse senkrechtes Ding hat sein Bild in der Brennebene, ein Ding in der Brennebene hat sein Bild in unendlicher Entfernung.

Wie werden nun die vom Dinge herkommenden Strahlenbüschel aussehen? Jeder einzelne Punkt sendet für sich ein paralleles Strahlenbüschel. Aber die parallelen Strahlenbüschel, die von den verschiedenen Punkten herkommen, werden unter sich nicht parallel sein. So werden die Strahlenbüschel, die etwa von entgegengesetzten Rändern der Sonne herkommen, unter sich einen Winkel einschließen. Jedes dieser parallelen Büschel hat seinen eigenen Brennpunkt. Diesen findet man ganz einfach auf folgende Weise (Abb. 22).

Zieht man ein zur Achse geneigtes Strahlenbüschel $S\,S_1$, so geht einer der parallelen Strahlen $S\,M$ durch den Kugelmittelpunkt M.
Alle durch den Mittelpunkt der Kugel gehenden Strahlen heißen Hauptstrahlen. Da sie als Radien auf der Kugelfläche senkrecht stehen, also Einfallslote sind, so

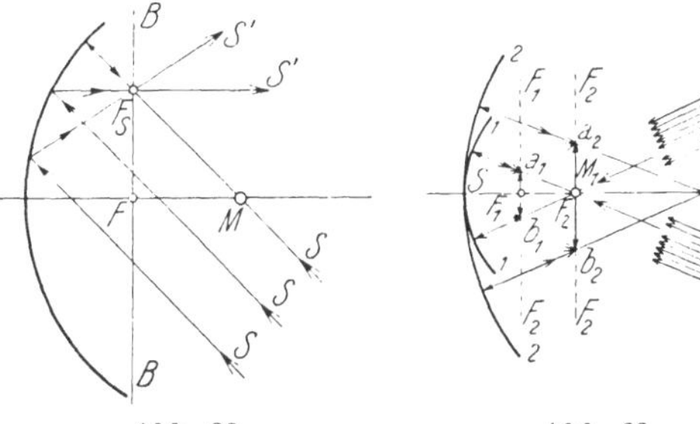

Abb. 22   Abb. 23

werden sie in sich selbst zurückgeworfen, es ist also die Richtung des einfallenden und reflektierten Strahles gleich. Es muß folglich auf dem Strahle $S\,M$ auch das Bild des unendlich fernen Punktes liegen. Dieses Bild muß aber auch in der Brennebene liegen.

Wo folglich der Hauptstrahl $S\,M$ die Brennebene schneidet, in $F_{\prime}$, muß das Bild des unendlich fernen Punktes sein, von dem dieses zur Achse geneigte Büschel ausgeht.

Wir sehen, daß bei einem bestimmten Dinge, etwa der Sonne, die Bildgröße proportional der Brennweite ist (Abb. 23). $a_1\,b_1$ ist das Bild, welches durch den Spiegel 1 von einem unendlich fernen Ding entworfen wird, $a_2\,b_2$ das Bild, welches vom gleichen Dinge durch Spiegel 2 entsteht. Wie aus den ähnlichen $\triangle\,a_1\,b_1\,M_1$ und $a_2\,b_2\,M_2$ hervorgeht, verhält sich

$$\frac{a_1\,b_1}{a_2\,b_2} = \frac{F_1\,M_1}{F_2\,M_2} = \frac{f_1}{f_2}.$$

Wir können umgekehrt annehmen, daß $a_1\,b_1$ bzw. $a_2\,b_2$ leuchtende Punkte seien, dann werden die austretenden Strahlen unter sich parallel sein. Wir finden die Richtung, indem wir $a_1\,b_1$ mit M_1 bzw. $a_2\,b_2$ mit M_2 verbinden, also durch die Punkte die Hauptstrahlen ziehen. Man sieht daraus, daß die reflektierten Strahlen, welche von verschiedenen Punkten eines leuchtenden Gegenstandes, welcher in der Brennebene liegt, kommen, unter sich divergieren. Man nennt dies die Streuung des Büschels, bedingt durch die Größe der Lichtquelle.

Die Hohlspiegel werden in der kinematographischen Praxis selten zur Bilderzeugung verwendet, meistens zur Lichtsammlung. Bei der Bilderzeugung ist es gleichgültig, ob man wirkliche oder Scheinbilder hat, beide können, wie schon bei den ebenen Spiegeln gezeigt wurde, photographisch aufgenommen werden. Interessant und für Trickaufnahmen verwendbar ist die sogenannte Tanagraprojektion (Abb. 24). Die wirklichen Spiegelbilder des Hohlspiegels liegen zum Unterschiede von den ebenen Spiegelbildern vor dem Spiegel gegen den Beschauer zu, sie erscheinen darum körperlich plastisch. Ist der Gegenstand weit vom Spiegel entfernt, so sieht man ein verkehrtes, verkleinertes, aber vollkommen körperliches Bild frei in der Luft zwischen F und M (Abb. 21) schweben, ist umgekehrt das Ding zwischen F und M, so sieht man ein vergrößertes verkehrtes Bild weit vor dem Spiegel. Die Tanagraprojektion erfolgt folgendermaßen: $a\,b$ sei das Ding, etwa eine Person. Vor dieser befindet sich ein ebener Winkelspiegel PS_1, PS_2. Spiegel PS_1 entwirft das Bild $a'\,b'$; von diesem Spiegel PS_2 das Bild $a''\,b''$, welches gegenüber dem Ding $a\,b$ umgekehrt ist. Dieses letzte Bild wird dem Hohlspiegel HS dargeboten, der ein verkehrtes Bild $a'''\,b'''$, welches daher in derselben Lage wie das Ding steht, ungefähr in der Brennweite, entwirft. Der Zuseher, dem der Rand des Hohlspiegels verdeckt ist, glaubt das Ding selbst in der Luft frei schwebend zu erblicken.

Um die erforderlichen Spiegelgrößen bestimmen zu können, muß man zu dem durch Konstruktion gefundenen Hohlspiegelbilde die wirksamen Spiegelstrahlen finden. Dies geschieht so, daß man von den Endpunkten des Bildes $a'''\,b'''$ die Strahlen zu den äußersten wirksamen Punkten des Hohlspiegels zieht. Wir erhalten so ein Strahlenbüschel $z_1\,z_2$. Nur jenes Auge kann das Hohlspiegelbild erblicken, dessen Sehstrahlen innerhalb dieses Winkels $z_1 z_2$ verlaufen. Ist das Auge außerhalb des Büschels, so trifft kein reflektierter Strahl das Auge, in diesem kann daher auch kein Bild entstehen, das Auge kann das Bild $a'''\,b'''$ nicht mehr wahrnehmen. Es ist also die Lage der Zuseherplätze bzw. die Lage der Aufnahmekamera durch die Spiegelanordnung bestimmt. Nimmt man die äußersten Zuseherplätze an, welche noch benützt werden, so

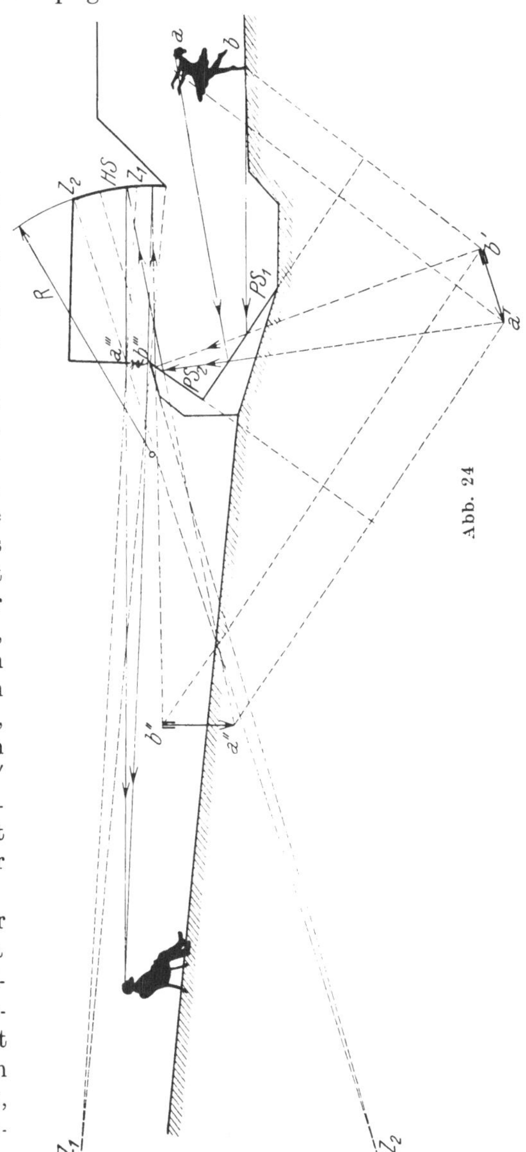

Abb. 24

kann man durch Konstruktion der Sehstrahlen zum Hohlspiegel
und der von diesem und den ebenen Spiegeln reflektierten Büschel
auch die erforderliche Fläche der Winkelspiegel genau bestimmen.

Man kann also mit Hilfe dieser Vorrichtung z. B. Menschen
in beliebiger Verkleinerung in Umgebung von Naturgröße aufnehmen.

Die Hauptverwendung der Sammelspiegel liegt in der Projektion und Beleuchtung. Wenn ich hinter einer Lichtquelle
einen ebenen Spiegel anbringe, so erhalte ich auch eine Licht-
verstärkung. Wenn die Lichtquelle nach allen Richtungen
gleichmäßig Licht aussendet, so geht nach vorne nur die Hälfte
der Strahlen; der Spiegel reflektiert auch die nach rückwärts
gehenden Strahlen nach vorne, so daß jetzt alle Strahlen nach
vorne zur Wirkung kommen, das Licht ist aber über den ganzen
vorderen Raum zerstreut.

Mit einem Hohlspiegel kann ich aber das Licht dorthin
senden, wo ich es brauche, und zwar in großer Konzentration.
Dafür geht aber das Licht nur in die Richtung, in der ich es
sende; außerhalb des Büschels ist kein Licht. Man spricht von
gerichtetem Lichte. Wenn der Spiegel rund ist, wird das Licht
die Form eines Kegels haben. Kennen wir die Stellung der Lichtquelle, so brauchen wir nur das Bild derselben zu konstruieren,
die reflektierten Strahlen geben dann das Beleuchtungsbüschel.
Wenn ich an irgendeiner Stelle des Beleuchtungsbüschels gegen
den Spiegel blicke, werde ich die ganze Fläche desselben in der
Helligkeit der Lichtquelle erblicken. Die Wirkung ist also die,
als ob sich die Lichtquelle auf die Fläche des Spiegels vergrößert
hätte.

Wenn wir die Lichtquelle auf der optischen Achse haben,
so liegt das Bild auch auf der optischen Achse; liegt der Dingpunkt ober oder unter der Achse, so umgekehrt der Bildpunkt
unter oder ober der Achse. Anstatt die Lichtquelle gegen die
Achse zu verschieben, kann ich auch die optische Achse verschieben; dies geschieht, indem ich den Spiegel neige oder hebe
oder senke. Ich kann dadurch das reflektierte Lichtbüschel
schwenken und in jede gewünschte Richtung bringen, ohne
die Lichtquelle zu bewegen. Ebenso kann ich, indem ich Lichtquelle und Spiegel in der Richtung der Achse gegeneinander
verschiebe, das Büschel mehr oder weniger zusammenlaufend
machen, also die stärkste Lichtwirkung näher oder weiter von
der Lichtquelle erzeugen. Wenn ich die Wirksamkeit zweier
Hohlspiegel vergleichen will, muß ich in beiden gleichen Strahlengang annehmen. Dies geschieht, indem ich den Lichtpunkt

in die Brennebene F setze. Wenn ich jetzt (Abb. 25) die Winkel der Lichtstrahlenbüschel $A\,F\,B$ und $A_1\,F_1\,B_1$ vergleiche, so erhalte ich ein Urteil, welcher Teil des Gesamtlichtes vom Spiegel auf-gefangen wird. Dieser Teil ist um so größer, je größer der Winkel ist, den die äußersten Strahlen zusammen einschließen. Dieser Winkel wird nun um so größer, je kleiner die Brennweite f und je größer der Durchmesser D des Spiegels

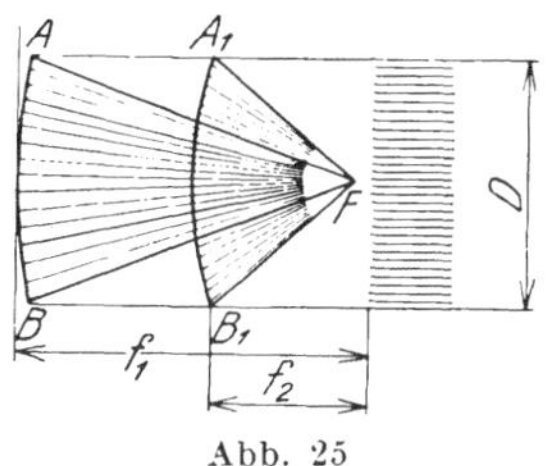

Abb. 25

ist. Es ist also die Wirksamkeit vom Verhältnis D zu f abhängig. Die Wirkung einer Lichtquelle sinkt aber mit dem Quadrat der Entfernung, also mit f^2; ebenso ist D der Durchmesser des Spiegels. Das aufgefangene Büschel hängt aber von der Fläche ab; diese ist $\dfrac{D^2\pi}{4}$. Es ändert sich also die Wirkung mit D^2. Es ist also $\left(\dfrac{D}{f}\right)^2$ die Größe, die uns den Vergleich der Wirksamkeit der Spiegel gibt. Es ist dasselbe Gesetz, das wir bei der Loch-kamera schon gefunden haben. Die Größe $\dfrac{D}{f}$ heißt die rela-tive Öffnung des Spiegels. Das Lichtstrahlenbüschel, das der Spiegel ausnützen kann, wächst im Quadrate der relativen Öffnung mit $\left(\dfrac{D}{f}\right)^2$.

Wir müssen nun etwas zurückgreifen. Wir haben früher gesagt, daß die von einem Punkte kommenden Strahlen vom Hohlspiegel wieder in einem Punkte vereinigt werden, aber nicht genau. Lassen wir etwa parallele Strahlen auffallen und konstruieren uns die reflektierten, so sehen wir, wenn die Öffnung des Spiegels groß ist, aus der Zeichnung deutlich die Abweichung (Abb. 26a). Die Randstrahlen schneiden die Achse näher zum Spiegelscheitel als die Zentralstrahlen. Wir bezeichnen als Brenn-weite jedes Büschels den Schnittpunkt der Büschelstrahlen. So ist der Brennpunkt des Büschels $a\,b$ in c, von $a'\,b'$ in c'. Die Brennweite der Randbüschel ist hier kleiner als die der Zentral-büschel; die letztere bezeichnet man, wie schon erklärt wurde, als Brennweite des Spiegels. In der Spiegelmitte fällt c mit F zusammen.

Man nennt diese Abweichung der Rand- von den Zentral-strahlen sphärische Abweichung oder Aberration (lateinisch ab = weg, errare = irren) oder Abweichung wegen der Kugelgestalt,

Und zwar nennt man die Abweichung randkurz: (Abb. 26a).
Im Brennpunkte eines jeden Büschels schneiden sich die Licht-

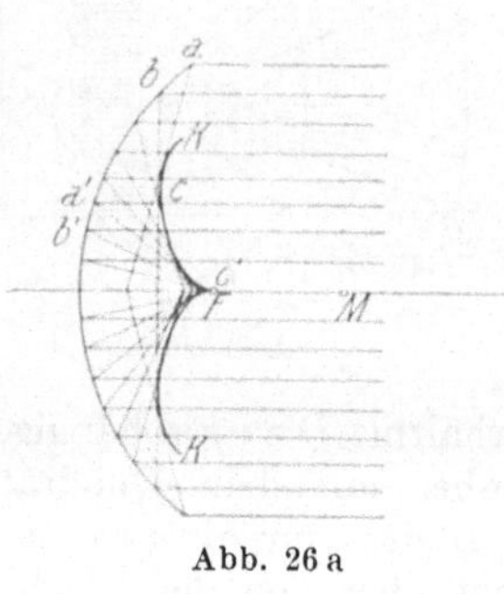

Abb. 26 a

Abb. 26 b

strahlen wirklich, daher ist in diesem Punkte die Helligkeit
groß. Alle diese Brennpunkte liegen nun auf einer Fläche K,
der kaustischen oder Brennfläche, welche wie ein Kegel mit
gewölbten Seitenflächen aussieht· man nennt ein solches Ge-
bilde Konoid (Konos, griechisch, = Kegel, konoid = kegelartig)
(Abb. 26a). Die Spitze liegt im Brennpunkte der Mittelstrahlen.
Es wird also von einem leuchtenden Punkt als Bild ein Leucht-
rohr, ein Konoid, entstehen (Abb. 26b). Wir können aber ohne
weiteres eine reflektierende Fläche konstruieren, welche die
parallelen Strahlen wirklich in einem Punkte sammelt. Wir

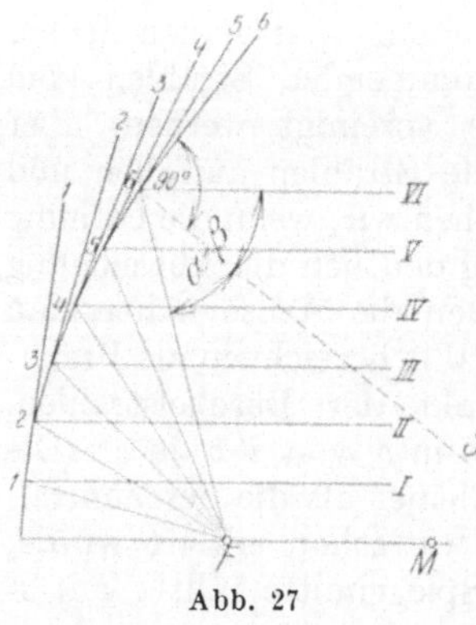

Abb. 27

müssen dann (Abb. 27) den Brennpunkt
annehmen. Wir ziehen zu jedem achsparallelen Strahle I, II, III, IV, V, VI
den reflektierten zum Brennpunkte F
und suchen in jedem Einfallspunkte
1 bis 6 die Fläche, welche den Strahl
in dieser Richtung reflektiert, indem
man den Winkel $VI\ 6\ F$ halbiert
und zur halbierenden $6\ S$ im
Punkte 6 die Senkrechte zieht. Die
Kurve, die auf diese Weise erhalten
wird, ist eine Parabel. Lassen wir diese
um die Achse rotieren, so entsteht
der Parabolspiegel. Dieser hat für
achsparallele Strahlen keine Abweichung, sondern Rand- und
Mittelstrahlen haben denselben Brennpunkt. Die Brennweite
jedes Büschels ist durch den Abstand des Brennpunktes vom
Einfallspunkte gegeben. Nun sehen wir, daß bei den Rand-

strahlen die Brennweite $F6$ länger ist als bei den Mittelstrahlen F. Wir nennen den Parabolspiegel randlang.

Ist der Strahlengang beim Parabolspiegel nicht parallel, also der Punkt nicht im Unendlichen, so entstehen Abweichungen wie beim Kugelspiegel und es entsteht auch hier von einem Lichtpunkte kein Punkt als Bild, sondern eine Leuchtröhre, ein Konoid, welche jedoch zum Unterschied vom Kugelspiegel auch randlang ist, das heißt die Randstrahlen schneiden die Achse weiter vom Spiegelscheitel entfernt als die Zentralstrahlen.

D. Brechung oder Refraktion

1. Brechung an ebenen Flächen

Halten wir einen geraden Stab ins Wasser, so erscheint derselbe an der Wasseroberfläche geknickt oder gebrochen; man nennt diese Erscheinung Brechung des Lichtes. Ein Lichtstrahl, der die Wasseroberfläche trifft, wird auch gebrochen. Ist in Abb. 28 WW die Wasserfläche, L der Lichtstrahl,

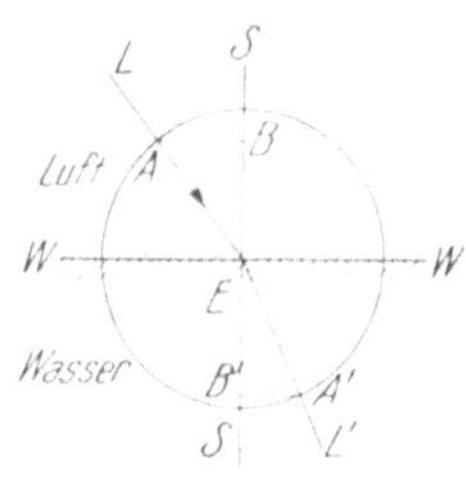

Abb. 28

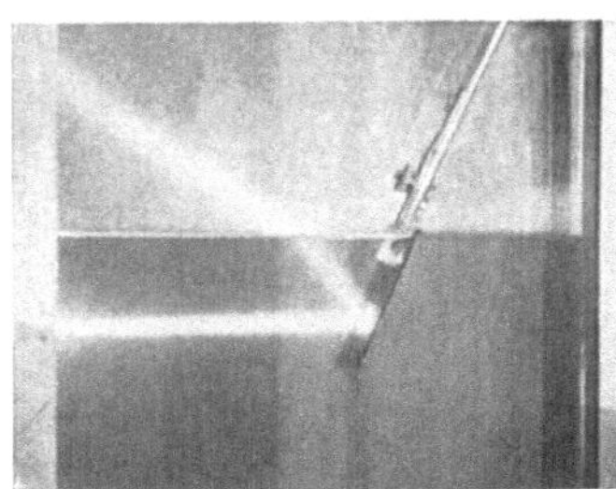

Abb. 29

E der Einfallspunkt, SS die Senkrechte oder das Einfallslot im Punkte E, so ist EL' der gebrochene Lichtstrahl. EL' ist also das Bild des Lichtstrahles L, wie es durch die Wasserschichte entsteht. Man nennt $\sphericalangle\, LES$ den Einfallswinkel, $\sphericalangle\, SEL'$ den Brechungswinkel. Wenn der Lichtstrahl aus einem dünnen Körper, etwa Luft, in einen dichteren Körper, etwa Glas, Wasser, übergeht, so ist der Brechungswinkel kleiner als der Einfallswinkel. Man sagt, der Strahl wird zum Lote gebrochen. Da ich einen Lichtweg immer umkehren kann, kann ich jetzt auch die Abb. 28, 29 umkehren, dann sieht man, wenn der Lichtstrahl aus einem dichten Körper in einen dünneren tritt, so wird er vom Lote gebrochen; der Brechungswinkel ist größer als der Einfallswinkel. Fällt der Strahl senkrecht auf, so setzt er sich geradlinig fort und wird nicht gebrochen.

Die Grundregeln der Brechungen sind also:

Beim Übergang von einem dünneren in einen dichteren Körper wird der Lichtstrahl zum Lote, beim Übergang von einem dichteren in einen dünneren Körper vom Lote gebrochen. Senkrecht auffallende Strahlen setzen sich geradlinig in derselben Richtung fort.

Fällt ein Lichtstrahl auf ein dichteres oder dünneres Medium auf, welches durchsichtig ist und glatte Oberfläche hat, so wird immer auch ein Teil des Lichtes nach den Gesetzen der Spiegelung zurückgeworfen; es ist also immer der gebrochene Strahl lichtschwächer als der einfallende. Man kann dies leicht versuchen, wenn man schräg gegen eine durchsichtige Glasplatte blickt; man sieht dann 2 Spiegelbilder und gleichzeitig sieht man durch die Platte durch. Die 2 Spiegelbilder stammen von der vorderen und von der rückwärtigen Grenzfläche des Glases gegen Luft. Es wird also ein Teil des Lichtes reflektiert, ein Teil wird gebrochen. Wenn man die Brechung verschiedenfärbigen Lichtes

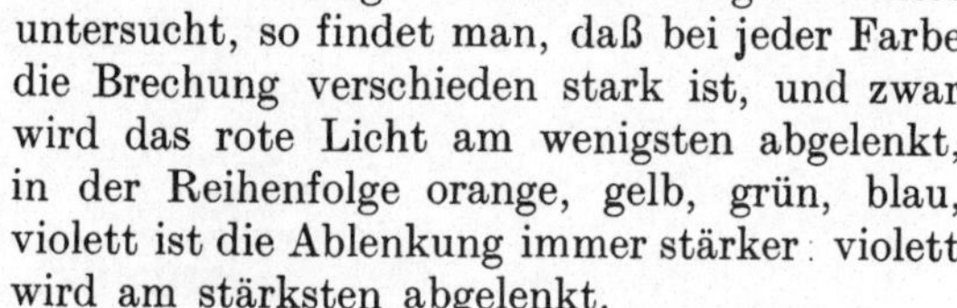

untersucht, so findet man, daß bei jeder Farbe die Brechung verschieden stark ist, und zwar wird das rote Licht am wenigsten abgelenkt, in der Reihenfolge orange, gelb, grün, blau, violett ist die Ablenkung immer stärker: violett wird am stärksten abgelenkt.

Der Einfalls- und Brechungswinkel sind bei einer bestimmten Farbe, bei einer bestimmten brechenden Substanz voneinander

Abb. 30

abhängig. Schlagen wir (Abb. 29) um den Einfallspunkt E einen Kreis, der den einfallenden und gebrochenen Strahl in A und A' schneidet, so ist das Verhältnis der Strecken $\dfrac{A\,B}{A'\,B'} = n$ für jeden Strahl, der nach E zielt, konstant. Das Verhältnis heißt die Brechungszahl n der Substanz, wenn der Strahl von Luft in Substanz übertritt. Tritt der Strahl aus der Substanz in Luft über, so ist die Brechungszahl $\dfrac{A'\,B'}{A\,B} = \dfrac{1}{n}$. Kennt man die Brechungszahl, so kann man zu jedem einfallenden den gebrochenen Strahl zeichnen (Abb. 30). Man schlägt um E 2 Kreise, einer hat den Halbmesser $r = 1$, der Maßstab ist beliebig, der größere den Halbmesser $R = n \cdot r = n$ (da $r = 1$ gesetzt wird). Wenn also z. B. $n = {}^3/_2$ (Glas) und ich $r = 2$ cm wähle, so ist R gleich $2 \times {}^3/_2 = 3$ cm. Man verlängert den einfallenden Strahl über E nach A_1. Wo dieser Strahl den kleinen Kreis schneidet, in P zieht man eine Senkrechte, die den großen Kreis in A' trifft. $E\,A'$ ist dann der gebrochene Strahl.

Wenn dies richtig ist, so muß sich verhalten $\dfrac{A\,B}{A'\,B'}=n$. Dies läßt sich beweisen. Da die $\triangle\,A\,B\,E$ und $A_1\,B_1\,E$ kongruent sind, ist $A\,B=A_1\,B_1$. Ferner sind die $\triangle\,E\,P+P'$ und $E\,A_1\,B_1$ ähnlich. Folglich verhält sich $\dfrac{P\,P'}{A_1\,B_1}=\dfrac{E\,P}{E\,A_1}$. Es ist aber $P\,P'=$ $=A'\,B'$, $A_1\,B_1=A\,B$, $E\,P=r$, $E\,A_1=n\,r$, daher $\dfrac{A'\,B'}{A\,B}=\dfrac{r}{n\cdot r}$ oder $\dfrac{A\,B}{A'\,B'}=n$, was zu beweisen war. Wir wollen nun untersuchen, wie der einfallende und gebrochene Strahl verlaufen, wenn der einfallende Strahl alle möglichen Einfallswinkel annimmt. Wir sehen dann, je steiler der Strahl einfällt, je kleiner also der Einfallswinkel ist, desto steiler verläuft auch der gebrochene Strahl. Wenn der Einfallswinkel Null ist, der Strahl senkrecht einfällt, dann hat der gebrochene dieselbe Richtung. Jetzt wollen wir den umgekehrten Fall nehmen. Der Strahl kommt aus dem Wasser unter verschiedenen Einfallswinkeln und tritt in Luft über. Fällt er senkrecht ein, so tritt er auch senkrecht aus;

wird der Einfallswinkel langsam größer, so auch der Brechungswinkel, aber der letztere viel rascher. Wir kommen schließlich zu einem Strahl; da verläuft der austretende Strahl schon fast parallel der Wasserfläche, und wird der Einfallswinkel noch größer, so verläuft er ganz in der Richtung der Wasserfläche, das heißt er tritt aus dem Wasser nicht mehr heraus. Vergrößere ich jetzt den Einfallswinkel weiter, so zeigt sich das Merkwürdige, daß

Abb. 31

gar kein Licht aus der Wasserfläche austritt, sondern das ganze Licht wie von einem Spiegel in das Wasser zurückgeworfen wird. Man nennt dies die totale Reflexion (Abb. 31).

Auf der totalen Reflexion des Lichtes beruhen die bekannten Leuchtbrunnen. Der Wasserstrahl wird in seiner Längsrichtung von unten beleuchtet. Die Lichtstrahlen treffen, da sie dem Wasserstrahl fast parallel sind, die Wasserfläche unter sehr kleinem Winkel, werden daher total reflektiert, treffen wieder die Begrenzung des Wasserstrahles unter kleinem Winkel, können also aus dem Wasser nicht austreten und dieses erscheint selbst leuchtend. Ebenso kann man das Licht durch einen schwach gekrümmten Glasstab ohne Verlust weiterleiten und an der Endfläche austreten lassen.

Bei jedem gewöhnlichen Silberspiegel geht immer etwas Licht verloren, weil etwas Licht in die Oberfläche des Spiegels eintritt; hier aber haben wir einen vollkommenen Spiegel ohne jeden Lichtverlust. Wir werden gleich später die praktische Anwendung dieses Gesetzes sehen.

Lichtdurchgang durch parallele Glasplatten. Trifft ein Lichtstrahl L eine planparallele Glasplatte (Abb. 32), so wird er durch die erste Fläche gebrochen, der gebrochene Strahl L' geht bis zur zweiten Glasfläche und wird hier wieder gebrochen L''; aber, weil hier das Licht aus dem Glas in Luft tritt, ist die Brechung entgegengesetzt wie bei der ersten Fläche. Es ist der Austrittswinkel W_2 des Strahles daher derselbe wie der Einfallswinkel W_1, das heißt der Strahl tritt zu sich selbst parallel aus, ist aber um etwas verschoben, und zwar um so mehr, je dicker die Glasplatte ist. Wir können das leicht versuchen, wenn wir ein Stück einer dicken Spiegelglasplatte auf eine Druckschrift legen; die unter der Platte liegende Schrift ist in Form und Größe unverändert, aber gegen die unbedeckte Schrift verschoben. Lassen wir auf eine solche Glasplatte (Abb. 33) ein von einem Punkt P kommendes Lichtstrahlenbündel fallen, so wird sich nach dem Gesagten jeder Strahl des Büschels parallel zu sich selbst verschieben; es wird also das Büschel statt von P von P' zu kommen scheinen. Ich darf also, ohne eine Bildunschärfe befürchten zu müssen, eine Projektion durch eine parallele Glasplatte vornehmen oder auch vor ein Kameraobjektiv bei der Aufnahme eine Spiegelglasplatte stellen, wie es ja bei den schon behandelten Spiegelaufnahmen geschieht. Wenn aber die Glasplatte uneben ist oder nicht ganz parallele Seitenflächen hat oder sich im Innern Stellen verschiedener Brechung befinden, sogenannte Schlieren,

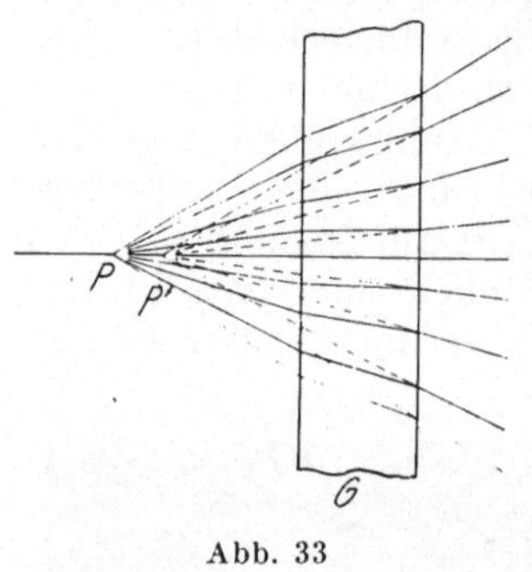

Abb. 33

Abb. 32

so werden diese die Strahlen nicht parallel zu sich selbst verschieben, wodurch Bildverzerrungen und Unschärfen entstehen.
Man muß daher die Glasplatten, die vor die Fenster der Projektionskabine kommen oder die für Spiegelaufnahmen dienen,
genau prüfen.

Dieselbe Vorsicht muß man bei Anwendung von Farbfiltern oder Küvetten anwenden. Verwendet man ein Filter
knapp vor dem Film, so sind Schlieren nicht so gefährlich. Ist
dagegen das Filter vor der Linse, so macht sich schon der kleinste
Fehler als Unschärfe bemerkbar, besonders wenn der Filter
bewegt wird, was bei Mehrfarbenaufnahmen mit rotierenden
Filterscheiben manchmal vorkommt.

Um die Ebenheit der Flächen zu prüfen, kann dieselbe
Methode der schrägen Betrachtung verwendet werden, wie sie
schon bei der Spiegelprüfung angegeben wurde, indem man
ein durch die Glasplatte erzeugtes Spiegelbild unter sehr kleinem
Einfallswinkel betrachtet. Das Erkennen innerer Schlieren ist
schwerer. Welche Verzerrungen gewöhnliche Glasplatten geben
können, sieht man leicht an den üblichen Fenstergläsern; wenn
man das Auge bewegt, so sieht man die Wanderungen der Bildverzerrung deutlich.

Ist eine Glasplatte von ebenen Flächen begrenzt, welche
nicht parallel sind, so spricht man von einem Prisma (Abb. 34);
man verwendet dieses dazu, um das Licht in bestimmter Richtung
abzulenken. Da aber das gewöhnliche weiße Licht aus
den Spektralfarben verschiedener
Wellenlängen gemischt ist und
jede von diesen, wie schon erwähnt, verschiedene Brechung

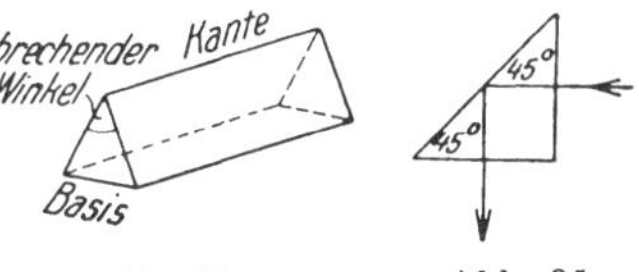

Abb. 34   Abb. 35

hat, das heißt verschieden stark abgelenkt wird, zerlegt jedes
Prisma das weiße Licht in seine Einzelfarben. Blicken wir durch
ein Prisma gegen einen größeren Gegenstand, so sehen wir diesen
verschiedenfarbig, meist rot und blau, eingesäumt. Innerhalb
großer Flächen überdecken sich nämlich die einzelnen Farben,
da die Verschiedenheit der Farbenablenkung nicht sehr groß
ist; nur am Rande oder bei Betrachtung feiner Linien treten
die Unterschiede in Erscheinung.

Vielfache Verwendung findet das Totalreflexionsprisma
(Abb. 35). Dieses ist im Querschnitt ein gleichschenkeliges,
rechtwinkeliges Dreieck. Die Hypotenuse ist die totalreflektierende Fläche. Da das Licht durch die Kathetenfläche
in das Glas eintritt, trifft es die Hypotenusenfläche unter 45°;

bei diesem Einfallswinkel kann aber das Licht aus dem Glase nicht mehr in Luft übertreten. Es wird also total, und zwar senkrecht zur Einfallsrichtung reflektiert. Es ist der vollkommenste Spiegel, den wir haben. Es darf nur so verwendet werden, daß das Licht die Kathetenfläche senkrecht trifft. Die Hypotenusenfläche ist meist noch überdies versilbert. Der Verlust an Licht beim Durchgang durch die Glasmasse ist sehr gering. Alle Flächen müssen sorgfältig ·optisch plangeschliffen sein, das Glas darf keine Schlieren enthalten, darum sind große Totalreflexionsprismen sehr teuer. Wenn man ein derartiges Prisma für Aufnahmszwekce verwendet, muß man sich vorher den Strahlengang aufzeichnen und bestimmen, wie groß die Fläche der Hypotenuse sein muß, damit sie den ganzen Strahlenkegel aufnimmt, sonst erscheint das Bild an den Rändern verstümmelt. Bei Projektion durch das Prisma darf der Strahlenkegel nicht zu stark divergent sein, da beträchtlich steiler als 45^0 einfallende Strahlen nicht mehr total reflektiert werden, sondern durch die Hypotenusenfläche hindurchtreten.

2. Brechung an Kugelflächen

Wir haben bis jetzt die Brechung an ebenen Flächen betrachtet. Wir betrachten nun den Fall, daß die Glasfläche nicht eben, sondern der Teil einer Kugeloberfläche ist. Es sind hier zwei Fälle möglich.

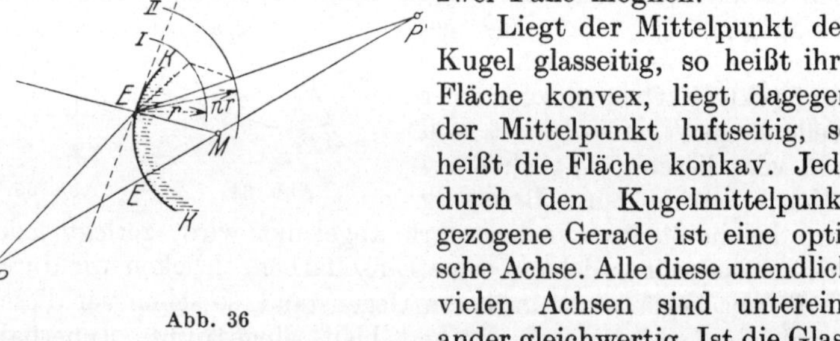

Abb. 36

Liegt der Mittelpunkt der Kugel glasseitig, so heißt ihre Fläche konvex, liegt dagegen der Mittelpunkt luftseitig, so heißt die Fläche konkav. Jede durch den Kugelmittelpunkt gezogene Gerade ist eine optische Achse. Alle diese unendlich vielen Achsen sind untereinander gleichwertig. Ist die Glasfläche konvex (Abb. 36), so bestimmen wir den gebrochenen Strahl ebenso wie beim Kugelspiegel, indem wir im Einfallspunkt E eine Tangentialebene legen; dann ist, wenn M der Mittelpunkt der Kugel ist, ME der Radius, der auf der Tangente senkrecht steht, also das Einfallslot vorstellt. Wir erhalten dann durch die bekannte Konstruktion den gebrochenen Strahl für die Tangentenebene. Wir wollen nun das Bild eines Punktes P finden. Wir ziehen daher eine optische Achse PM und wählen 2 Strahlen, die von dem Punkte ausgehen. Als einen Strahl

wählen wir die optische Achse selbst; da liegt der gebrochene Strahl
in der Verlängerung des einfallenden, also auf der Achse selber.
Dort, wo der zweite gebrochene Strahl $E\,P'$ die Achse schneidet,
ist dann das Bild des Punktes P'. Wir finden ebenso wie beim
Spiegel, daß, wenn wir eine größere Zahl von Strahlen ziehen,
nur die in der Nähe der Achse sich in einem Punkte schneiden,
die Strahlen weiter gegen den Rand zu zeigen Abweichungen
des Schnittpunktes. Wir machen aber für jetzt die Annahme,
daß es möglich sei, eine solch gekrümmte Fläche zu erzeugen,
welche wirklich alle Strahlen in einem Punkte vereinigt. Wir
lassen nun auf die Kugelfläche Sonnenstrahlen fallen, welche,
wie bereits beim Spiegel erklärt wurde, unter sich parallel sind.
Wenn wir die gebrochenen Strahlen konstruieren, so finden
wir, daß sich alle in einem Punkte der Achse schneiden. Diesen
Punkt nennt man wie beim Spiegel den Brennpunkt, die Entfernung vom Kugelscheitel die Brennweite. Die Größe dieser
Brennweite ist für jedes optische System sehr wichtig. Sie läßt sich
leicht berechnen, wenn man den Radius der Kugel und die
Brechungszahl des Glases kennt. Wir hätten (Abb. 37) die
brechende Fläche $K\,K$ mit dem Radius $S\,M = r$; $x\,x$ sei die Achse.
Der Lichtstrahl $L\,L$ tritt parallel zur Achse ein. Wir können
also die Achse selbst als einen Lichtstrahl, $L\,L$ als den zweiten,
dazu parallelen, ansehen; dann muß im Schnittpunkt der Achse

mit dem gebrochenen
Strahle das Bild des
Lichtpunktes liegen,
von welchem beide
Strahlen herkom-
men, dieser Schnitt-
punkt ist also der
Brennpunkt.   Der
Einfallspunkt   von
$L\,L$ sei E; in E ziehen
wir das Lot, den Ra-
dius $E\,M$, und kon-

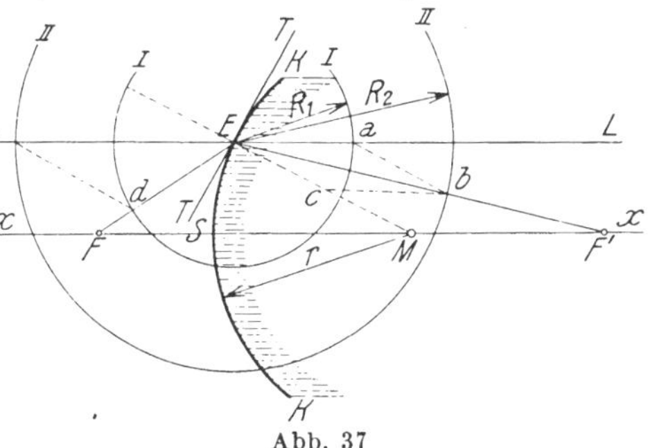

Abb. 37

struieren uns für die Tangentenebene im Punkt E den gebrochenen
Strahl, wie wir es früher gesehen haben. Wir schlagen um E einen
Kreis I mit dem Radius $R_1 = 1$ und einen Kreis II mit dem
Radius $R_2 = n R_1$. Wo der verlängerte Einfallsstrahl den Kreis I
schneidet, in a, ziehen wir $a\,b$ parallel zum Lote $E\,M$; im Schnittpunkte b dieser Geraden mit Kreis II ist der gesuchte Punkt
des gebrochenen Strahles $E\,b$, wo letzterer die Achse schneidet,
in F', ist der gesuchte Brennpunkt. Um die Brennweite $S\,F'$

bestimmen zu können, ziehen wir als Hilfsstrahl $cb /\!/ xx$. Dann sind die $\triangle Ecb$ und EMF' ähnlich. Es verhält sich

$$\frac{Eb}{cb} = \frac{EF'}{MF'}.$$

Nach der früheren Annahme treffen sich nur solche Strahlen in einem Punkte, welche sehr nahe der Achse verlaufen. Wenn der Strahl LL sehr nahe der Achse verläuft, wird der Kreisbogen ES sehr klein. Dann wird der Unterschied zwischen den Strahlen EF' und SF' auch sehr klein, so daß man setzen kann $EF' = SF'$. Wir setzen nun ein $E_b = R_2$, $cb = Ea = R_1$, $EF' = f'$ (Brennweite),

$$F'M = SF' - r = EF' - r = f' - r,$$

$$\frac{R_2}{R_1} = \frac{f'}{f'-r} \qquad \frac{R_2}{R_1} = \frac{nR_1}{R^1} = n \qquad \frac{f'}{f'-r} = n, \qquad \begin{aligned} nf' - rn &= f' \\ nf' - f' &= rn \\ f'(n-1) &= rn \end{aligned}$$

$$f' = r\,\frac{n}{n-1}.$$

Wir finden also: parallele Strahlen, die von der Luftseite her eine gewölbte (konvexe) Glasfläche treffen, werden in einem Brennpunkte gesammelt, dessen Entfernung vom Kugelscheitel gegeben ist durch die Größe $f' = r\,\dfrac{n}{n-1}$. Diesen Brennpunkt nennen wir den hinteren Brennpunkt der Fläche.

Nehmen wir an, daß die parallelen Strahlen von rechts kommen, so werden diese nach dem vorderen Brennpunkt gebrochen. Da wir jetzt Brechung von Glas und Luft haben, so ist die Brechungszahl $\dfrac{1}{n}$, daher ist

$$f = r\,\frac{\frac{1}{n}}{\frac{1}{n}-1} = \frac{r}{1-n} = \frac{r}{n-1}, \qquad \frac{f}{f'} = \frac{1}{n}.$$

Die Gleichungen zusammengefaßt lauten also:

$$f = \frac{r}{n-1}$$

$$f' = n\,\frac{r}{n-1} \tag{8}$$

$$\frac{f}{f'} = \frac{1}{n}$$

Trifft das Licht eine konkave Fläche (Abb. 38), so schneidet der achsparallel einfallende Lichtstrahl LE nach der Brechung EL' die Achse nur in seiner rückwärtigen Verlängerung F', das heißt der parallele Strahl wird von der Achse weg gebrochen.

Der Brennpunkt ist nur scheinbar. Nach der Brechung laufen die Strahlen so auseinander, als ob sie aus dem Brennpunkte kämen. Die Brennpunkte liegen immer auf derselben Seite

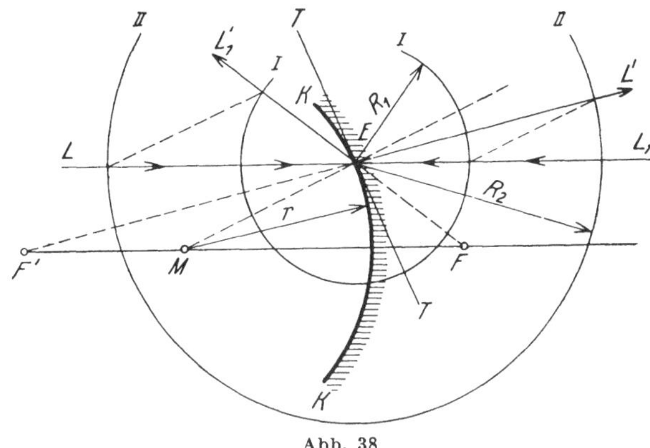

Abb. 38

wie die einfallenden Strahlen. Also liegt der glasseitige Brennpunkt vor der Fläche in F'. Die hintere Brennweite ist wie früher $f' = n\,\dfrac{r}{n-1}$, die vordere $f = \dfrac{r}{n-1}$, $\dfrac{f}{f'} = \dfrac{1}{n}$, jedoch ist die Lage der Brennpunkte zu der Fläche verkehrt wie früher.

Die beiden Brennpunkte liegen immer zu beiden Seiten der Fläche, dabei ist die Brennweite, die durch Brechung von Luft in Glas entsteht, im Verhältnis der Brechungszahl länger.

• Trifft also ein Lichtbüschel von links kommend eine konvexbrechende Fläche, so werden die Strahlen nach der Brechung stärker gegen die Achse zu konvergieren, trifft das Büschel jedoch eine konkave Fläche, so werden die Strahlen nach der Brechung stärker von der Achse weglaufen, divergieren.

Die konvexe Fläche hat also die Wirkung, das Licht gegen die Achse zu verdichten, die konkave dagegen, das Licht von der Achse wegzustreuen.

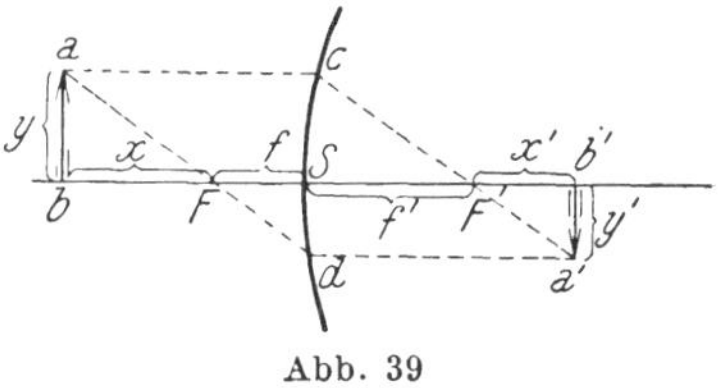

Wenn die Brennpunkte bekannt sind, können wir auf die-

Abb. 39

selbe Weise wie beim Hohlspiegel das Bild eines Gegenstandes bestimmen (Abb. 39). Wir ziehen den Lichtstrahl durch den vorderen Brennpunkt aFd. Dieser muß der Achse parallel austreten, dann den Strahl parallel der Achse ac, dieser wird zum hinteren Brennpunkt F' gebrochen. Im Schnittpunkte der beiden Strahlen in a' ist das Bild von Punkt a, das Bild $a'b'$ ist dann senkrecht zur Achse. Wir finden dann folgende Beziehungen:

Wenn wir x bzw. x' die Entfernung von Ding und Bild von den bezüglichen Brennpunkten bezeichnen, ferner berücksichtigen, daß

$\begin{aligned} ab &= Sc \\ a'b' &= Sd \end{aligned}$. Im $\triangle . ScF'$ und $a'b'F,'$ $\dfrac{Sc}{a'b'} = \dfrac{f'}{x'}$ oder $\dfrac{ab}{a'b'} = \dfrac{f'}{x'}$. Im

$\triangle \cdot abF$ und FSd $\dfrac{ab}{Sd} = \dfrac{x}{f}$ oder $\dfrac{ab}{a'b'} = \dfrac{x}{f} \cdot \dfrac{ab}{a'b'}$ ist die Vergrößerung $V = \dfrac{f'}{x'} = \dfrac{x}{f}$ $\quad xx' = ff'$.

$$V = \frac{f'}{x'} = \frac{x}{f}$$
$$xx' = ff' \tag{9}$$

Dies sind die Abbildungsgleichungen. (Dasselbe geht aus der Gleichung [5] hervor.)

Bezüglich der Konstruktion ist folgendes zu bemerken:

Daß sich die achsparallelen Strahlen wirklich in einem Punkte schneiden, gilt streng nur dann, wenn die Strahlen sehr nahe der Achse einfallen. Es geht dann die Kugelfläche in diesem engen Raume in eine zur Achse senkrechte Gerade über. Da wir so nahe beisammenliegende Strahlen zeichnerisch nicht genügend deutlich darstellen können, so stellen wir die Sache mit vergrößertem Maßstab dar, das heißt wir ziehen die Kugelfläche als zur Achse senkrechte Gerade, die einfallenden Strahlen aber weiter von der Achse weg, viel weiter als es für die Wirklichkeit Gültigkeit hätte. Dem Optiker gelingt es dann, durch entsprechende Zusammenstellung von Linsen solche Systeme zu schaffen, für die unsere Konstruktion Gültigkeit hat. Es falle beispielsweise der achsparallele Strahl 1 mm ober der Achse ein. Der Krümmungsradius sei 10 cm. Wir vergrößern nun alle Dimensionen um das 40fache, dann ist die Einfallshöhe 40 mm, der Radius 400 cm. Ein solcher Kreisbogen ist in der Zeichnung von einer Geraden nicht zu unterscheiden. Wir müßten nun auch die Größe von Ding und Bild und ihre Entfernungen sowie die Brennebene 40fach vergrößert zeichnen, das tun wir aber nicht, da wir dafür auf der Zeichenfläche keinen Platz haben. Diese Größen zeichnen wir in natürlicher Form. In diesem Sinne sind alle folgenden Zeichnungen zu verstehen.

E. Die Linsen

1. Allgemeines

Linsen sind Glaskörper, welche von 2 Kugelflächen oder einer Kugelfläche und einer Ebene begrenzt sind. Nach ihrer Form gibt man ihnen verschiedene Namen:

a) Plankonvex, b) Bikonvex, c) Konvex-konkav (Meniskus), d) Plankonkav, e) Bikonkav, f) Konkav-konvex (Meniskus) (Abb. 40).

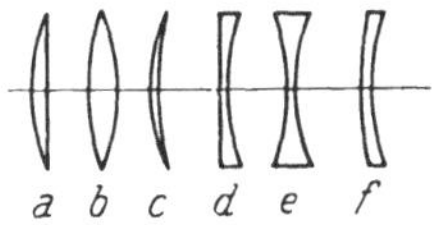

Abb. 40

Es wird hier das achsparallel auffallende Licht durch die erste Fläche zum hinteren Brennpunkte derselben gebrochen, die Strahlen kommen aber gar nicht zur Vereinigung, denn sie treffen schon früher die zweite Fläche und werden von dieser in einem anderen Punkte vereint, dieser stellt dann den hinteren Brennpunkt der Linse vor. Das gleiche geschieht, wenn wir zu der ersten Linse eine zweite und mehrere stellen. Das auf die erste Linse achsparallel fallende Licht wird schließlich zu einem Punkte vereinigt, welches der Brennpunkt aller Linsen zusammen ist.

Man nennt eine solche Zusammenstellung von Linsen, wie wir sie in allen optischen Apparaten finden, ein optisches System. Dieses wird nun einen vorderen und einen hinteren Brennpunkt besitzen, also ebenso wirken wie eine einzige Linse, mit derselben Brennweite und denselben Brennpunkten.

Die Linsen eines solchen Systems müssen streng zentriert sein, das heißt die Kugelmittelpunkte aller brechenden Flächen müssen auf einer Geraden, der optischen Achse, liegen.

2. Einfache Linsen

Ich hätte zunächst 2 Kugelflächen $K_1 K_2$ (Abb. 41) mit den bezüglichen Brennpunkten $F_1 F'_1\ F_2 F'_2$ gegeben. Ich suche zunächst den Punkt, nach welchem ein von links kommender Achsparallelstrahl gebrochen wird, das ist den hinteren Brennpunkt. Zuerst wird der Strahl an der ersten Fläche E_1 nach F'_1 gebrochen, trifft dann in E_2 die zweite Fläche, diese ist konvex, daher wird der Strahl näher zur Achse gebrochen. Ich bekomme das Bild des Strahles, indem ich einen beliebigen Punkt des Strahles wähle und das Bild konstruiere. Ich wähle den Punkt E_1. Die Achsparallele durch diesen Punkt trifft in E_3 die Fläche K_2, dieser Strahl wird nach F'_2 gebrochen. Weiters verbinde ich

E_1 mit F_2 und suche den Schnitt E_4 mit K_2, dieser Strahl tritt achsparallel aus E_4, schneidet $E_3 F'_2$ nach rückwärts verlängert

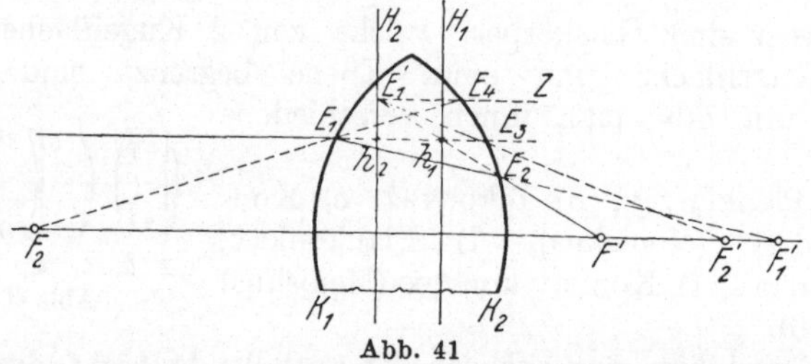

Abb. 41

im Punkte E'_1, dieses ist das Bild von E_1, daher $E_2 E'_1$ das Bild des Strahles $E_1 E_2$, wie es durch K_2 entworfen wird. Im Schnittpunkte mit der Achse in F' ist der rückwärtige Brennpunkt. Ebenso können wir den vorderen Brennpunkt F bestimmen.

Wir kennen nun die Brennpunkte und es bleibt noch zu bestimmen, bis zu welchem Punkte der Linse die Brennweite zu rechnen ist. Bei einer einzigen brechenden Fläche haben wir die Brennweite vom Brennpunkte bis zum Schnittpunkte des achsparallelen Strahles mit der Fläche gerechnet; das ist der Knickpunkt des Strahles, in welchem er von der parallelen Richtung zum Brennpunkte abgeknickt wird. Diesen Punkt müssen wir auch bei der Linse bestimmen, indem wir den gebrochenen Strahl und den zugehörigen achsparallelen Strahl verlängern, bis sie sich schneiden in h_1. Die Brennweite ist vom Brennpunkte bis zu diesem Punkte zu rechnen, denn hier erfolgt die Abknickung des achsparallelen Strahles zum Brennpunkte. Es ist ebenso, als wenn ich für die von links kommenden Strahlen die Linse ersetzt hätte durch eine einzige brechende Kugelfläche, welche durch diesen Knickpunkt hindurchgeht. Für die vordere Brennweite finden wir einen andern Punkt h_2. Ziehen wir durch diese Punkte senkrechte Ebenen auf die Achse, so ersetzt jede derselben einmal für die von links, einmal für die von rechts kommenden achsparallelen Strahlen die Linse vollkommen. Wir nennen diese Ebenen die Hauptebenen $H_1 H_2$, die Schnittpunkte mit der Achse die Hauptpunkte. Wir betrachten, wie sich jetzt die Abbildung von Punkten und Gegenständen ergibt.

$K_1 K_2$ (Abb. 42) seien die Kugelflächen, $H_1 H_2$ die Hauptebenen, $a\,b$, $a'\,b$ Ding und Bild, $f = F h_1$, $f' = F' h_2$, die Brennweiten x und x' die Entfernung von Ding und Bild von den zugehörigen Brennpunkten. Wir ziehen den Hilfsstrahl $a F$, dieser schneidet H_1 in n. Wir wissen nun, daß die von rechts kommenden Achsparallelstrahlen im Schnitte mit H_1 zum vorderen Brennpunkte abgeknickt werden, folglich ist $n\,a'$ parallel der Achse das Bild

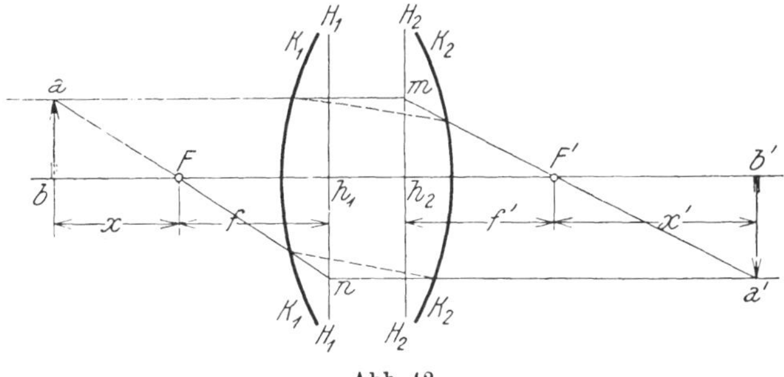

Abb. 42

von $n\,a$. Wir ziehen ferner den achsparallelen Hilfsstrahl $a\,m$. Dieser muß im Schnittpunkte mit H_2 zum hinteren Brennpunkte F' abgeknickt werden. Im Schnittpunkte von $m\,F'$ mit $n\,a'$ liegt das Bild a' von a. Senkrecht zur Achse zieht man $a'\,b'$ als Bild von $a\,b$.

Aus der Konstruktion ergibt sich noch, daß $h_1\,n = a'b'$, $h_2\,m = a\,b$. Dann verhält sich ($\triangle a\,b\,F$ und $F h_1\,n$)

$$\frac{a\,b}{h_1\,n} = \frac{x}{f} \text{ oder } \frac{a\,b}{a'\,b'} = \frac{x}{f} \qquad \frac{m\,h_2}{a'\,b'} = \frac{f'}{x'} \text{ oder } \frac{a\,b}{a'\,b'} = \frac{f'}{x'}$$

$$\frac{a\,b}{a'\,b'} = V \text{ (Vergrößerung)}.$$

$$V = \frac{f'}{x'} = \frac{x}{f}$$
$$x\,x' = f\,f' \tag{10}$$

Die Abbildungsgleichungen, welche denen für eine einzige brechende Fläche gleich sind. (Man erhält sie auch aus Gleichung [5].)

Wie man sieht, braucht man die brechenden Flächen zur Konstruktion nicht, es genügen die Brennpunkte und Hauptebenen. Der Strahlengang, den man so erhält, ist aber nicht der wirkliche. Um diesen zu bekommen, muß man die Einfallspunkte der Strahlen mit den brechenden Flächen verbinden (punktiert eingezeichnet).

Auf dieselbe Weise kann man vorgehen, wenn mehrere Linsen gegeben sind, indem man das Bild, das von der ersten Linse entworfen wird, als Ding für die zweite Linse auffaßt usf.

3. Berechnung der Linsen

Wir wollen nun versuchen, eine entsprechende Formel zu finden, welche es gestattet, aus den Brennweiten der Flächen

und ihrer Entfernung, die Brennweite der Linsen anzugeben.
Wir ziehen die Flächen als Ebenen (*I*, *II*, Abb. 43). Durch die

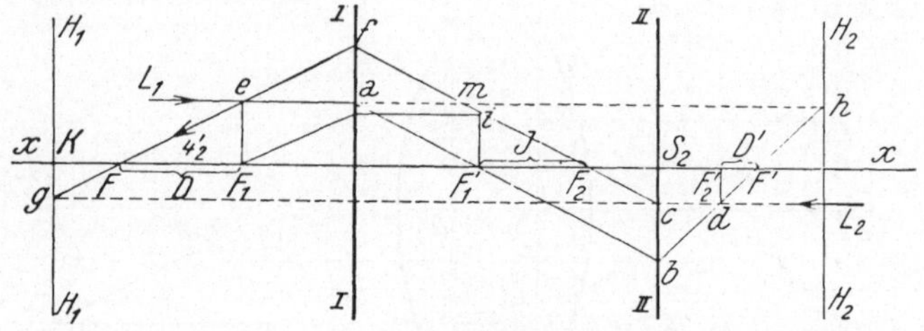

Abb. 43

beiden innerhalb der Flächen liegenden Brennpunkte $F'_1 F_2$ ziehen
wir zwei beliebige parallele Hilfsstrahlen, dann entspricht der Strahl
durch F'_1 einem von links achsparallel einfallenden Lichtstrahle,
der durch F_2 einem von rechts achsparallel einfallenden Lichtstrahle. Der durch *II* gebrochene Strahl $a\,b$ muß im Schnitte
mit der Achse den hinteren Brennpunkt der Linse geben, da
der entsprechende einfallende Strahl $L_1\,a$ achsparallel ist. Ebenso
muß der durch *I* gebrochene Strahl $c\,f$ den durch vorderen Brennpunkt der Linse gehen, da er dem von links kommenden Achsparallelstrahl $L_2\,c$ entspricht.

Nun wurden aber $a\,b$ parallel $c\,f$ gewählt. Es stellt folglich d
den Schnitt des Bildes von $c\,f$ mit der Brennebene von *II* vor,
das heißt d ist der Punkt, in welchem alle die Fläche *II* treffenden
zu $c\,f$ parallelen Strahlen vereinigt werden. d ist der Brennpunkt
des zu $c\,f$ parallelen Büschels, d ist folglich ein Punkt des Bildes
von $a\,b$, folglich $b\,d$ der Bildstrahl zu $a\,b$, und der Schnitt F' der
hintere Brennpunkt der Linse. Auf gleiche Weise ergibt sich
der vordere Brennpunkt F als Schnitt von $f\,e$ mit der
Achse.

Um die Brennweiten zu bestimmen, müssen wir die Hauptebenen suchen; diese ergeben sich im Schnittpunkte des achsparallelen Strahles mit seinem Bildstrahle, als h im Schnitte
von $L_1\,a$ mit $b\,F'$. g im Schnitte von $L_2\,c$ mit $f\,e$, H_1 ist die vordere,
H_2 die hintere Brennweite.

Wenn wir nun den Abstand des hinteren Brennpunktes
der ersten Fläche vom vorderen Brennpunkt der zweiten Fläche
$F'_1 F_2$ mit J (Intervall), den Abstand des vorderen Brennpunktes
der Linse von dem vorderen Brennpunkte der ersten Fläche
FF_1 mit D, des hinteren Brennpunktes der Linse vom hinteren
Brennpunkte der zweiten Fläche $F'_2 F'$ mit D' bezeichnen und
bedenken, daß sowohl für jede einzelne Fläche als auch die ganze

Linse das Gesetz $xx' = ff'$ gilt, so ist: für Fläche I, da F nach der Konstruktion das Bild von F_2 ist,

$$DJ = f_1 f'_1, \qquad D = \frac{f_1 f'_1}{J},$$

für Fläche II, da F' das Bild von F'_1 ist,

$$D'J = f_2 f'_2, \quad D' = \frac{f_2 f'_2}{J}.$$

Schließlich finden wir noch folgende Verhältnisse:

$$\frac{KF}{ea} = \frac{Kg}{af} \text{ oder } \frac{f}{f_1} = \frac{Kg}{a \cdot f}, \text{ nun ist } Kg = S_2 c$$
$$am = F'_1 F_2 = J$$

und es verhält sich

$$\frac{Kg}{fa} = \frac{S_2 c}{fa} = \frac{F_2 S_2}{am} = \frac{f_2}{J}, \text{ daher } \frac{f}{f_1} = \frac{f_2}{J}, \quad f = \frac{f_1 \cdot f_2}{J}.$$

Ebenso finden wir $f' = \dfrac{f'_1 f'_2}{J}$.

Wir haben früher gefunden, daß die glasseitige Brennweite n-mal länger ist als die luftseitige, daher ist für die erste Fläche $f'_1 = nf_1$, für die zweite Glasfläche, da f_2 glasseitig liegt, $f_2 = nf'_2$ oder $f'_2 = \frac{1}{n} f_2$, daher $f'_1 f'_2 = f_1 f_2$ und $f = f'$. Das heißt bei einer Linse in Luft, bei welcher die Brechungszahl vor und hinter der Linse dieselbe ist, ist die vordere und rückwärtige Brennweite immer gleich.

Die Formeln für die Brennweite der Linsen lauten daher:

$$D = \frac{f_1 f'_1}{J} \qquad D' = \frac{f_2 f'_2}{J}$$
$$f = \frac{f_1 f_2}{J} = \frac{f'_1 f'_2}{J}. = f' \tag{11}$$

Hierbei ist zu berücksichtigen, daß die Brennweiten immer entgegengesetzt gerichtet sind, und zwar sind die Brennweiten von der zugehörigen Hauptebene zu rechnen.

D und D' sind von F_1 bzw. F'_2 zu rechnen.

Dieselbe Formel benützen wir, um die Brennweite eines Systems aus zwei und mehreren Linsen zu bestimmen. Wir setzen nach der Formel zwei Linsen zusammen, erhalten die Brennweiten, deren Kombination mit der dritten Linse und so fort.

Da bei jeder Linse $f = f'$, so vereinfacht sich die Formel

$$D = \frac{f_1^2}{J} \qquad D' = \frac{f_2^2}{J}$$
$$f = \frac{f_1 f_2}{J} = f'. \tag{12}$$

Hier ist $f_1 f_2$ die Brennweite der ersten bzw. zweiten Linse.

Für die praktische Rechnung können wir die Linse als sehr dünn im Verhältnisse zur Brennweite annehmen. In dem Falle vereinfacht sich die Formel zur Berechnung der verschiedenen Linsenarten.

Wir bezeichnen mit r_1 den Radius der vorderen, mit r_2 den Radius der zweiten Fläche $n = \dfrac{3}{2} = 1{,}5$.

1. **Plankonvex.** Das Parallellicht fällt auf der ebenen Seite senkrecht auf, geht ungebrochen durch und wird erst von der zweiten Fläche gebrochen; dann ist $f'_2 = f' = \dfrac{r}{n-1} = f = 2\,r$.

2. **Bikonvex.**

$$f_1 = \frac{r_1}{n-1} \qquad f_2 = \frac{n\,r_2}{n-1} \qquad J = f'_1 + f_2 = n\,\frac{r_1}{n-1} + n\,\frac{r_2}{n-1}$$

$$f = \frac{\dfrac{r_1}{n-1} \cdot n\,\dfrac{r_2}{n-1}}{\dfrac{n\,r_1}{n-1} + n\,\dfrac{r_2}{n-1}} = \frac{1}{n-1}\ \frac{n\,r_1\,r_2}{n\,(r_1 + r_2)} = 2\,\frac{r_1\,r_2}{r_1 + r_2}.$$

Ist $r_1 = r_2$, das heißt: ist die Linse symmetrisch, so ist $f = r$.

Bei Plankonkav und Bikonkav ergeben sich dieselben Werte, nur liegt die vordere Brennweite hinter der Linse und umgekehrt.

3. **Menisken.** Konvexkonkav oder Konkavkonvex. Bei der ersten Art ist der Radius der konkaven Fläche größer als der konvexen. Die Linse ist am Rande dünner und sammelt das Licht. Bei der zweiten Art ist der Radius der konvexen Fläche größer, die Linse zerstreut das Licht. Wir nehmen an, das Licht falle auf die konkave Fläche r_1 auf.

$$f_1 = \frac{r_1}{n-1} \qquad f_2 = \frac{n\,r_2}{n-1} \qquad f'_1 = \frac{n\,r_1}{n-1} \qquad f'_2 = \frac{r_2}{n-1}$$

$$J = f'_1 - f_2 = \frac{n\,r_1}{n-1} - \frac{n\,r_2}{n-1} = \frac{n}{n-1}\,(r_1 - r_2)$$

$$f = \frac{f_1 f_2}{J} = \frac{\dfrac{n\,r_1\,r_2}{(n-1)^2}}{\dfrac{n}{n-1}\,(r_1 - r_2)} = \frac{1}{n-1}\,\frac{r_1\,r_2}{r_1 - r_2}$$

$$f = 2\,\frac{r_1\,r_2}{r_1 - r_2}.$$

Beispiel: Es ist die Brennweite folgender dreier Linsen zu berechnen:

1. Plankonvex $\qquad r = 10\ \text{cm}$
2. Bikonvex $\qquad r_1 = r_2 = 20\ \text{cm}$

3. Menisken   a) $r_1 = 14$ cm $r_2 = 7$ cm
                     konkav   konvex

                      b) $r_1 = 7$ cm $r_2 = 14$ cm
                     konkav   konvex

ad 1. $f = 2\,r = 20$ cm

ad 2. $f = r \;\; = 20$ cm

ad 3.   a) $f = 2\,\dfrac{14 \times 7}{14 - 7} = 28$ cm

        b) $f = 2\,\dfrac{14 \times 7}{7 - 14} = 28$ cm, aber f liegt hinter der Linse.

2. Es ist die Brennweite einer hohlen Glaskugel, die mit Wasser gefüllt ist, zu berechnen (Schusterkugel).

Der Durchmesser oder hier die Dicke der Linse ist 20 cm, die Brechungszahl des Wassers $n = \dfrac{4}{3}$. Da wir die Dicke der Linse hier nicht vernachlässigen können, müssen wir nach der ursprünglichen Formel rechnen. Die brechenden Flächen sind hier die beiden gläsernen Halbkugeln, folglich ist $f_1 = f'_2$, $f'_1 = f_2$, $nf_1 = f'_1 = f_2$, sohin ist die Formel

$$f = \frac{f_1 f_2}{J} = \frac{n \cdot f_1^2}{J} \qquad\qquad f_1 = \frac{r}{n-1} = \frac{10}{\dfrac{1}{3}} = 30$$

$$f = \frac{\dfrac{4}{3} \cdot 30 \cdot 30}{J}.$$

Das Intervall wäre, wenn beide Flächen knapp aneinanderstießen, $f'_1 + f_2 = 2\,f'_1 = 2\,n\,f_1 = 2 \cdot \dfrac{4}{3} \cdot 30 = 80$ cm.

Weil aber die Flächen um 20 cm auseinandergerückt sind, wird es um 20 cm kleiner, also 60 cm.

$$f = \frac{\dfrac{4}{3} \cdot 30 \cdot 30}{60} = \frac{40 \cdot 30}{60} = 20 \text{ cm}$$

$$f = 20 \text{ cm}$$

$$D = \frac{f_1 f'_1}{J} = \frac{30 \cdot 30 \cdot \dfrac{4}{3}}{60} = \frac{40}{20} = 20$$

$$D' = \frac{f_2 f'_2}{J} = \frac{\dfrac{4}{3} \cdot 30 \cdot 30}{60} = 20.$$

Das D zeigt die Lage des Brennpunktes. F_1 liegt, da $f_1 = 30$ cm ist, links von dem ersten Scheitel der Kugel, F'_2, da $f_2 = 30$ cm, rechts vom zweiten Scheitel der Glaskugel. Von diesen Punkten müssen wir um D oder D', gleich 20 cm, gegen die Glaskugel hin rücken, um den Brennpunkt der Kugel zu finden. Dieser liegt also 10 cm links und rechts von den Scheiteln der Kugel. Von diesem Punkte liegen die Hauptebenen um die Brennweite, das sind 20 cm nach rechts und links; sie fallen also in der Kugelmitte zusammen. Da bei Linsen in Luft die vordere und hintere Brennweite gleich sind, so vereinfachen sich die Abbildungsgleichungen (Gl 10)

$$x\,x' = f^2 \qquad V = \frac{f}{x'} = \frac{x}{f}. \tag{13}$$

Wollen wir statt x und x', den Entfernungen von. Ding und Bild von den bezüglichen Brennpunkten, die Abstände A, A' von der Linse einführen, so ergeben sich folgende Formeln:

$$x = A - f \qquad\qquad (A-f)\,(A'-f) = f^2$$
$$x' = A' - f \qquad\qquad A\,A' - A'f - A\,f + f^2 = f^2$$
$$A'f + A\,f = A\,A'$$

$$\frac{f}{A} + \frac{f}{A'} = 1 \quad \text{oder} \quad \frac{1}{A} + \frac{1}{A'} = \frac{1}{f}. \tag{14}$$

Vielfach rechnet man nicht mit den Brennweiten, sondern mit der Brechkraft oder Stärke S der Linsen. $S = \frac{1}{f}$. Nimmt man als Einheit eine Dioptrie D, das ist die Stärke einer Linse von 1 m, dann hätte eine Linse von $f = 10$ cm die Stärke $S = \frac{1}{0.1} = 10$ Dioptrien. Je größer die Stärke der Linse, desto kleiner die Brennweite, das heißt desto stärker werden die auffallenden Strahlen zur Achse gebrochen.

Stellen wir die Formeln für die Zusammensetzung von Linsen auf, so müssen wir unterscheiden, ob dieselben gleichartig, das heißt beide sammelnd oder zerstreuend, oder ungleichartig, eine sammelnd, eine zerstreuend, sind.

Ist $S = \frac{1}{f}$ die Stärke der Kombination, $S_1 = \frac{1}{f_1}$, $S_2 = \frac{1}{f_2}$ die Stärken der Einzellinsen, so ist $\frac{1}{f} = S = \frac{J}{f_1 f_2}$ für gleichartige Linsen, die scharf aneinandersitzen, mit $J = f_1 + f_2$,

$$S = \frac{f_1 + f_2}{f_1 f_2} = \frac{1}{f_1} + \frac{1}{f_2} = S_1 + S_2,$$

für ungleichartige Linsen $J = f_2 - f_1$, \hfill (15)

$$S = \frac{f_2 - f_1}{f_1 f_2} = \frac{1}{f_1} - \frac{1}{f_2} = S_1 - S_2$$

Wenn alle zwei Linsen hart aneinandersitzen, so addieren bzw. subtrahieren sich ihre Stärken.

Stehen die Linsen um d auseinander, so ist bei gleichartigen $J = f_1 + f_2 - d$, bei ungleichartigen $J = f_1 - f_2 - d$.

Daher bei gleichartigen Linsen

$$S = S_1 + S_2 - S_1 S_2 d, \tag{16}$$

bei ungleichartigen

$$S = S_1 - S_2 - S_1 S_2 d. \tag{17}$$

Beispiel: Es ist die Brennweite eines Triplekondensors zu bestimmen. Derselbe besteht aus zwei Plankonvexlinsen $r = 10$ cm in 4 cm Entfernung und einem sammelnden Meniskus $r_1 = 14$, $r_2 = 7$, der 1 cm entfernt steht, die konkave Seite zum Lichte.

Die Plankonvexlinsen haben, wie früher berechnet, die Stärke $S = \dfrac{1}{20}$, beide zusammen:

$$S = \frac{1}{20} + \frac{1}{20} - \frac{1}{20} \cdot \frac{1}{20} \cdot 4 = \frac{1}{20}\left(1 + 1 - \frac{1}{5}\right) = \frac{9}{100} = \frac{1}{11,1}.$$

Diese zwei Linsen geben also eine Kombination mit $S = \dfrac{1}{11,1}$. Diese Kombination müssen wir mit dem Meniskus kombinieren. Hier ist uns das d unbekannt. Wir müssen die Lage des Brennpunktes der ersten Kombination bestimmen: $D = \dfrac{f_1^2}{J} = \dfrac{400}{36} = \dfrac{100}{9} = 11,1$; da der erste Brennpunkt der ersten Linse um 20 cm nach links liegt, liegt D von dem Punkte um 11,1 cm nach rechts, um die Brennweite $f = 11,1$ nach rechts liegt die erste Hauptebene, die die Kombination ersetzt. Diese liegt also um 22,2 cm rechts vom ersten Brennpunkte der ersten Linse, also um 2,2 cm rechts von der ersten Linsenfläche. Vor dieser Fläche liegt der Meniskus um 1 cm nach links, daher $d = 3,2$ cm. Die Brennweite des Meniskus wurde früher bestimmt mit 28 cm;

$$S = \frac{1}{28} + \frac{1}{11,1} - \frac{3,2}{11,1 \cdot 28} = \frac{1}{11,1 \cdot 28}(11,1 + 28 - 3,2) =$$
$$= \frac{307,6}{310,8} = 9,9 \text{ cm.}$$

Die Brennpunktlage ergibt sich aus $D = \dfrac{f_1^2}{J} = \dfrac{28 \cdot 28}{35,9} = 21,9$, da der vordere Brennpunkt 28 cm links liegt, liegt der Brennpunkt des Kondensors um 21,9 cm nach rechts, also nur $28 - 21,9 = 6,1$ cm links von der Meniskusfläche, obwohl die Brennweite 9,9 cm ist.

Bei den dünnen Linsen, wie wir sie in der Praxis meist annehmen, fallen die Hauptebenen in der Linsenmitte zusammen. Die Bildkonstruktion ist deshalb sehr einfach. Wir brauchen

zur Konstruktion den Achsparallelstrahl und den Brennpunkt-
strahl (Abb. 44). Wie man sieht, geht dann die Verbindungslinie
$a\,a'$ durch den Mittelpunkt der Linse. Man benützt daher vorteilhaft diesen Strahl, den man den Hauptstrahl nennt, zur
Bildkonstruktion.

Soll aber das Bild eines beliebigen Strahles bestimmt werden, so
kann man diesen als Strahl eines ihm parallelen Büschels annehmen,

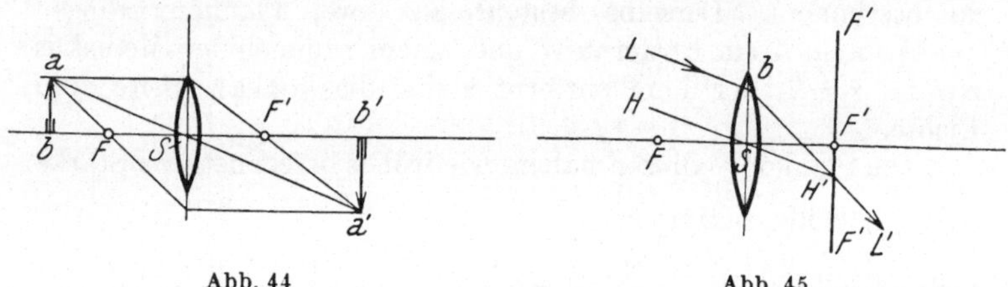

Abb. 44　　　　　　　　　　　　　　　　Abb. 45

da immer alle Strahlen des Parallelbüschels in einem Punkte
der Brennebene vereinigt werden, dem Brennpunkte des Büschels;
der zum Strahl parallele Hauptstrahl $H\,S\,H'$ (Abb. 45) geht ungebrochen durch und muß im selben Punkte H', wie alle Strahlen
des Büschels die Brennebene treffen. Folglich ist H' der Brennpunkt des Büschels und $b\,H'L'$ das Bild des Strahles $L\,b$. Wenn
das Ding selbst leuchtend ist, muß es immer auf der linken Seite
der Linse liegen. Wenn jedoch das Ding für eine Linse selbst
ein Bild ist, das durch eine andere Linse entworfen ist, so kann

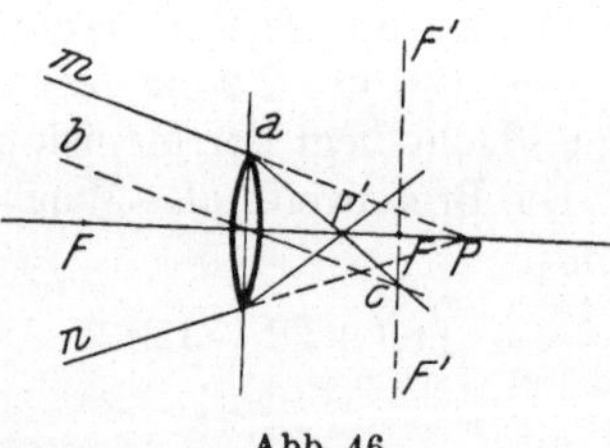

Abb. 46

das Licht von links kommen, das
Ding aber rechts von der Linse
liegen, wenn z. B. (Abb. 46) Punkt P
durch das Büschel $m\,n\,P$ rechts
hinter der Linse entworfen wird.
Wir brauchen dann nur, wie früher,
das Bild des Strahles $m\,P$ zu bestimmen, indem wir $b\,c$ parallel $m\,P$
ziehen; der Schnittpunkt mit der
Brennebene ist c. $a\,c$, ist das Bild von $m\,a$ und P' das Bild
von P. Wir sehen, daß das Büschel viel stärker zur Achse hin
gebrochen wird.

Von dem Dinge selbst unterscheidet sich das Linsenbild
dadurch, daß das Ding nach allen Seiten Licht ausstrahlt, daher
von allen Seiten vom Auge gesehen wird, dagegen ist das Linsenbild nur innerhalb des durch die Linse erzeugten Strahlenkegels
sichtbar, außerhalb desselben nicht. Wir sagen, das Licht ist
gerichtet. Punkt P (Abb. 47, A, 3) strahlt nach allen Richtungen.

Der auf die Linse fallende Teil wird nach P' gebrochen; dieses Licht strahlt von P' nach rechts nur im Winkel P'. Ein außerhalb dieses Kegels liegendes Auge kann P' nicht erblicken. Der Strahlenkegel stellt den wirklichen Strahlengang vor.

Im folgenden sind für alle möglichen Fälle die durch eine Linse entworfenen Bilder konstruktiv ermittelt (Abb. 47).

Bei allen Abbildungen sind die eintretenden Strahlen mit einem einfachen, die austretenden mit einem Doppelpfeile bezeichnet. Der Gang der Lichtstrahlen ist immer von links nach rechts. Folglich liegt das Ding links von der Linse. Kommt es rechts zu liegen, so heißt dies, daß das Ding die Form eines gerichteten Strahlenbüschels hat, welches von links kommend die Linse durchsetzt, so daß der Vereinigungspunkt des Büschels, welcher rechts der Linse liegt, das Ding für die Linse darstellt. Diese Fälle kommen bei optischen Systemen sehr häufig vor.

A. Abbildung von Lichtpunkten durch Sammellinsen

1. Punkt axial links in unendlicher Entfernung. Bild im hinteren Brennpunkte.

2. Punkt wie vor, seitlich der Achse. Bild in der Brennebene.

3. Punkt axial in endlicher Entfernung außerhalb der Brennweite. Man zieht $P\,a$ beliebig, $S\,c \mathbin{/\!/} P\,a$. c Schnittpunkt mit der hinteren Brennebene. $a\,c$ Bild von $P\,a$. P' Schnitt mit der Achse ist das Bild.

4. Punkt wie vor, seitlich der Achse. Konstruktion wie vor, doch nimmt man nicht den Schnitt von $a\,b$ mit der Achse, sondern mit dem Hauptstrahl $P\,P'$.

5. Punkt im Brennpunkt austretendes Strahlenbüschel achsparallel (der umgekehrte Fall 1).

6. Punkt in der Brennebene. Das austretende, zum Hauptstrahl parallele Büschel ist schief zur Achse (verkehrter Fall 2).

7. Punkt axial innerhalb der Brennweite. $P\,a$ beliebig. $S\,c \mathbin{/\!/} P\,a$, $a\,c$ Bild von $P\,a$. Schnitt von $a\,c$ mit der Achse ist P'; von diesem Punkte scheinen die Lichtstrahlen auszugehen.

8. Punkt wie vor, seitlich der Achse. $P\,a$ beliebig. $S\,c \mathbin{/\!/} P\,a$, $c\,a$ Bild von $P\,a$. $P\,S$ geht ungebrochen durch. Schnitt von $c\,a$ und $P\,S$ ist das Bild P'.

9. Punkt im Linsenmittelpunkt. Die Strahlen gehen ungebrochen weiter.

10. Punkt axial rechts der Linse. $P\,a$ beliebig $S\,c \mathbin{/\!/} P\,a$, $S\,c$ schneidet die hintere Brennebene in c. $a\,c$ Bild von $P\,a$. Schnitt mit der Achse P'. Dorthin konvergiert das Büschel.

11. Punkt wie vor, seitlich der Achse. Konstruktion nach 4 und 10.

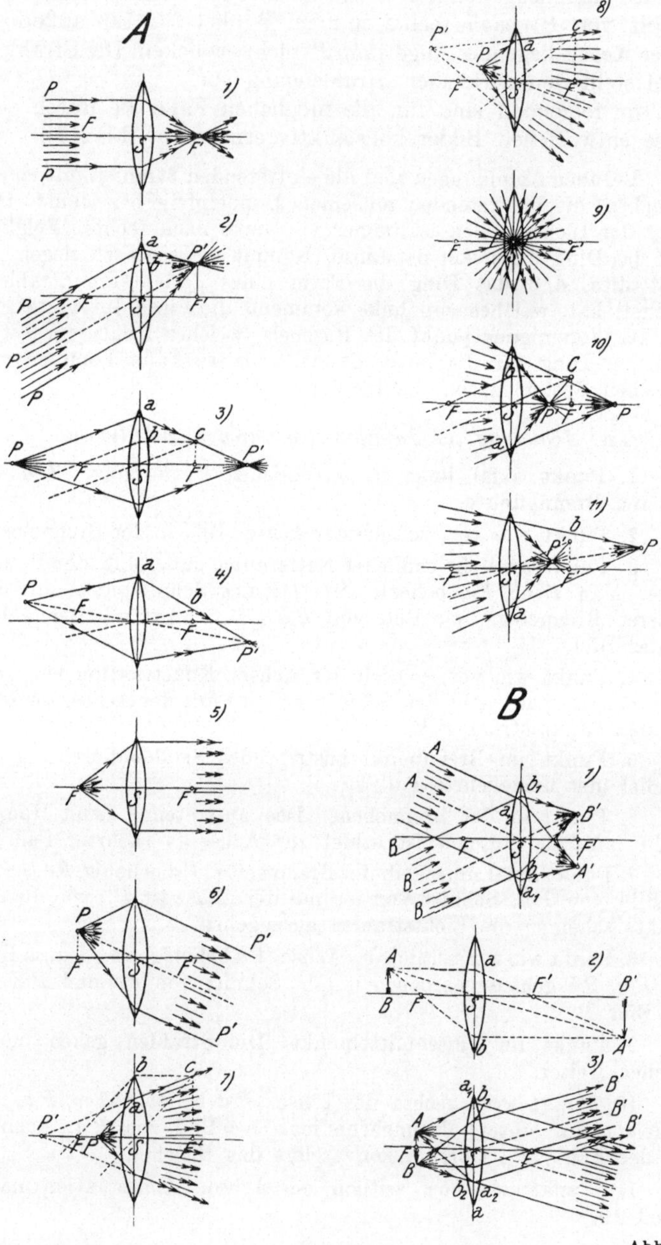
A
1)
2)
3)
4)
5)
6)
7)
8)
9)
10)
11)
B
1)
2)
3)
Abb.

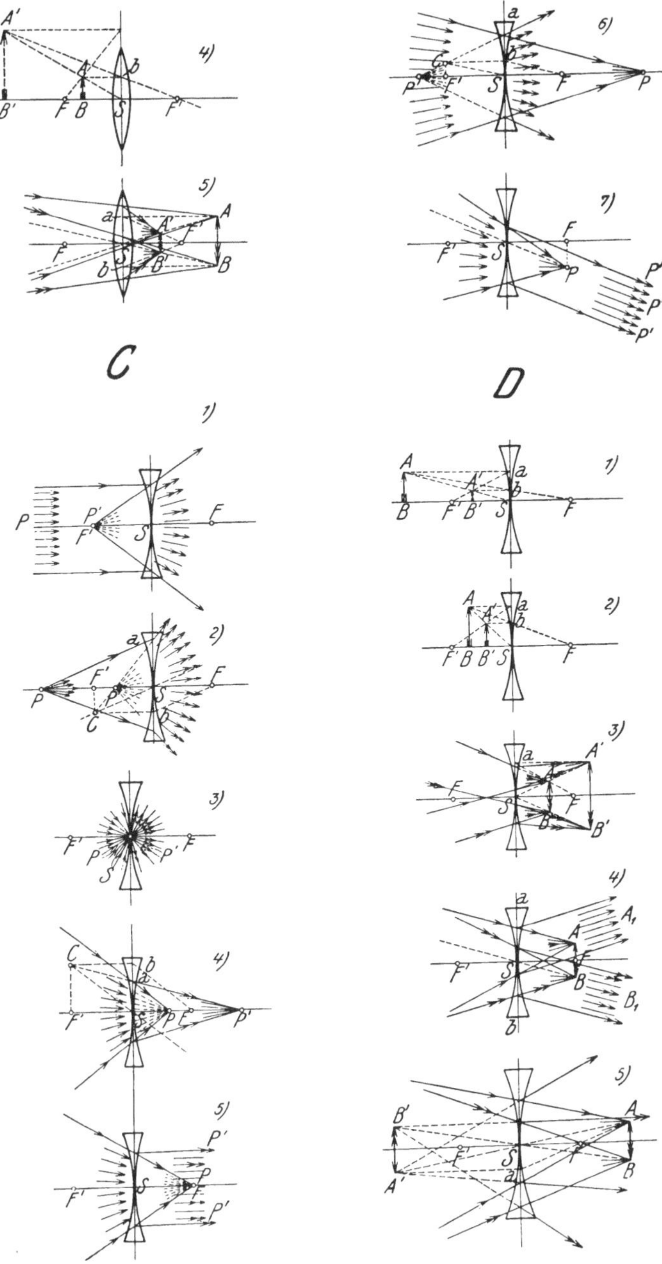

47

B. *Abbildung von ausgedehnten Dingen durch Sammellinsen*

1. Ding in unendlicher Entfernung; von den Endpunkten gehen schiefe Parallelbüschel $A\,A_1\,B\,B$ aus die ihr Bild in der hinteren Brennebene haben (Konstruktion nach $A_1\,2$).

2. Ding in endlicher Entfernung außerhalb der Brennweite. Konstruktion, wie bekannt, durch Hauptstrahl und Brennstrahlen.

3. Ding in der Brennebene. Die von den Endpunkten gezogenen Hauptstrahlen geben die Richtung der äußersten austretenden schiefen Büschel (nach $A\,6$).

4. Ding innerhalb der Brennweite. Hauptstrahl $A\,S$ geht ungebrochen durch, $A\,B$ parallel der Achse wird nach F' gebrochen oder Brennstrahl $A\,F$ tritt achsparallel aus. Die Strahlen schneiden sich in der rückwärtigen Verlängerung. Das Bild ist nur scheinbar.

5. Ding rechts von der Linse (durch eine andere Linse erzeugtes Lichtbild). Man konstruiert nach $A\,11$ die Bilder der den äußersten Dingpunkten entsprechenden Büschel.

C. *Abbildung von Lichtpunkten durch Zerstreuungslinsen*

1. Punkt axial in unendlicher Entfernung. Die Strahlen werden zum hinteren Brennpunkt F' gebrochen; da dieser auf der Dingseite liegt, divergiert das austretende Büschel.

2. Punkt axial in endlicher Entfernung. $P\,a$ beliebig. $S\,c\,/\!/\,P\,a$, $S\,c$ schneidet die hintere Brennebene F' in c. $c\,a$ Bild von $P\,a$. Schnitt mit der Achse in P'; von diesem Punkte scheinen die Strahlen zu kommen.

3. Punkt in der Linsenmitte; die Strahlen gehen ungebrochen durch.

4. Punkt axial rechts der Linse innerhalb der Brennweite. $P\,a$ beliebig; $c\,S\,/\!/\,P\,a$ schneidet die zweite Brennebene F' in c. $c\,a$ Bild von $P\,a$, schneidet die Achse in P', nach diesem Punkte konvergieren die Strahlen. (Das gebrochene Bündel ist weniger konvergent als das einfallende.)

5. Punkt liegt rechts der Linse im ersten Brennpunkte F, die Strahlen treten achsparallel aus (verkehrter Fall 1).

6. Punkt rechts der Linse axial, außerhalb der Brennweite. $P\,a$ beliebig. $c\,S\,/\!/\,P\,a$; $c\,a$ Bild von $P\,a$. P' Schnitt mit der Achse. Strahlen divergieren.

7. Punkt rechts der Linse in der ersten Brennebene F' seitlich der Achse. Der Hauptstrahl $P\,S$ gibt die Richtung der austretenden schiefen Parallelbüschel.

D. *Abbildung von ausgedehnten Dingen durch Zerstreuungslinsen*

1. und 2. Ding links von der Linse. Das Bild ist scheinbar und kleiner als das Ding. Hauptstrahl $A\,S$ ungebrochen. $A\,a$ parallel der Achse, wird nach F' gebrochen, oder $A\,F$ wird achsparallel nach $A'\,b$ gebrochen.

3. Ding rechts der Linse innerhalb der Brennweite (Ding durch Linse entworfen). Bild ist wirklich und vergrößert. AS ungebrochen. AF tritt bei a achsparallel aus; im Schnitte liegt A'.

4. Ding rechts der Linse in der Brennebene. Die Richtung der austretenden schiefen Parallelbüschel findet man wie bei C, 7.

5. Ding rechts der Linse außerhalb der Brennweite, das Bild ist verkehrt und scheinbar. AS ungebrochen. AF tritt achsparallel nach aA' aus, im Schnitte A'.

F. Die Blenden ·

1. Pupillen und Luken

Wenn wir vor einen leuchtenden Gegenstand eine Linse halten, so wird diese nicht alle Strahlen, die von dem Dinge kommen, aufnehmen, sondern nur einen Teil. Ein großer Teil der Strahlen, die ja nach allen Richtungen des Raumes gehen, geht an der Linse vorbei und ist für die Erzeugung des Bildes nutzlos. Je näher das Ding an die Linse kommt, desto mehr Strahlen werden ausgenützt. Wir nennen nun jede Begrenzung dieses Lichtstrahlenbüschels eine Blende. Ist nur die Linse vorhanden, so ist der Rand der Linse selbst die Blende. Ich kann aber einen Teil der Linse zudecken, indem ich in undurchsichtiges Papier ein Loch schneide und dieses vor die Linse setze. Dann ist das Loch die Blende. So hat z. B. das Auge als Blende die Pupille, die viel kleiner ist als die Augenlinse. Nur das durch die Pupille gehende Licht dient zur Bilderzeugung. Es muß hierbei festgehalten werden, daß auch der kleinste Teil einer Linse ebenso wirkt wie die ganze Linse. Wir haben ja angenommen, daß die Linse alle von einem Punkte kommenden Strahlen wieder in einem Punkt vereinigt. Es wird daher ein Strahlenbündel, das irgendeinen Teil der Linsenfläche trifft, nach demselben Bildpunkt abgelenkt. Wenn also nur ein kleiner Teil der Linse frei ist, so werden die Strahlen von diesem Teil im Bildpunkt vereinigt, das heißt genau dasselbe Bild des Punktes geben wie die ganze Linse, nur wird das Bild lichtschwächer sein, da weniger Strahlen im Bilde vereinigt werden. Wenn sich die Blende im Gange der Lichtstrahlen vor der Linse befindet, so ist ihre Wirkung leicht einzusehen. Es kommen aber vielfach Blenden zur Anwendung, die von der Linse entfernt sind oder hinter der Linse sich befinden; man kann da nicht sogleich sagen, welcher Linsenteil eigentlich durch die Blende abgedeckt wird. Ein einfaches

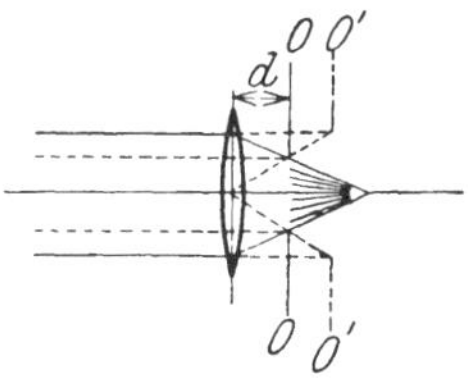

Abb. 48

Beispiel kann dies zeigen (Abb. 48). Die Strahlen fallen parallel auf. Die Blende OO befindet sich hinter der Linse in der Entfernung d. Es wäre ganz falsch zu behaupten, daß nur der Strahlenzylinder vom Durchmesser der Blendenöffnung zur Wirkung kommt, denn die Strahlen verlassen die Linse in einem Kegel mit der Spitze im Brennpunkt. Es ist hier die wirksame Linsenöffnung größer, als dem Blendendurchmesser entspricht. Wir finden die wirksame Öffnung, wenn wir zu den äußersten Strahlen, die hinter der Linse die Blende noch passieren können, die entsprechenden auffallenden Strahlen suchen. Das ist aber nichts anderes, als daß wir das Bild der Blende suchen, welches durch das Objektiv von der Blende auf der Seite des Dinges entworfen wird. Wir müssen also das Bild $O'O'$ der Blende OO suchen, welches das Objektiv durch das von rechts kommende Licht erzeugt. Es ist dies ganz klar, wenn wir bedenken, daß die Ränder der Blende für die Linse ein Ding darstellen, welches sie abbilden kann. Dieses Ding, also die Blendenränder, haben die Eigenschaft, daß alle Strahlen, welche an ihnen frei vorbeikönnen, wirklich zur Abbildung nutzbar werden; dieselben Strahlen müssen aber beim Strahlengange von rechts das Bild der Blende auf der Dingseite bilden. Ist die Blende vor der Linse, so werden die eintretenden Strahlen vom Rande der Blende begrenzt, die austretenden vom Rande des Blendenbildes. Ist die Blende hinter der Linse, so werden die austretenden Strahlen vom Rande der Blende selbst begrenzt, die eintretenden vom Rande des Blendenbildes, welches auf der Dingseite entsteht.

Es ist natürlich hierbei ganz gleich, wo das Blendenbild entsteht, ob vor oder hinter dem Objektiv, ob es ein wirkliches oder Scheinbild ist. Wenn die Blende innerhalb der einfachen Brennweite steht, muß ihr Bild immer auf derselben Linsenseite entstehen. Wichtig ist nur, daß in dem Falle, als die Blende auf der vom Ding abgekehrten Seite der Linse liegt, das Blendenbild mit Strahlengang von rechts konstruiert wird.

Es können nun mehrere Blenden vorhanden sein. Es ist die Frage, welche dann wirksam ist (Abb. 49). Die Antwort lautet: Jene, welche, vom Gegenstande aus gesehen, den kleinsten Durchmesser hat. Die größeren können nicht zur Wirkung kommen. Man nennt diese kleinste Blende die Eintrittspupille. Ebenso heißt die Blende, welche, vom Orte des Bildes gesehen, als kleinste erscheint, die Austrittspupille. Diese Blenden begrenzen den vom Gegenstande kommenden Lichtkegel. Ihre Größe ist maßgebend für die Bestimmung der relativen Öffnung.

Für verschiedene Dingentfernungen können verschiedene Blenden zur Eintrittspupille werden. In Abb. 49 ist für das Auge G_1 die Eintrittspupille E_1, für das Auge G_2 aber E_2

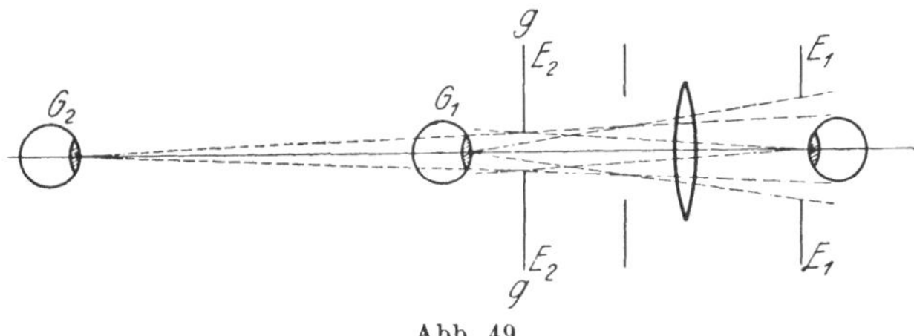

Abb. 49

Eine Blende kann natürlich ebenso die körperliche Blende selbst sein, wie auch das Bild einer körperlichen Blende (z. B. E_1 in Abb. 49). Es muß also die Eintrittspupille durchaus nicht durch eine körperliche Blende gegeben sein. Außer der Begrenzung der Lichtkegel, das heißt der Bildhelligkeit, haben aber die Blenden noch eine Wirkung. Denken wir uns das Auge in die Mitte der Eintrittspupille versetzt und gegen das Ding hinblickend, so werden die vorhandenen Blenden bewirken, daß das Auge vom ganzen Raum nur einen Ausschnitt überblickt. Es wird also der Gegenstand nicht in beliebiger Ausdehnung abgebildet werden, sondern nur jener Ausschnitt, der durch die kleinste Blende noch sichtbar ist. Diese Blende, welche, von der Mitte der Eintrittspupille E_1 aus gesehen, am kleinsten erscheint, nennen wir die Gesichtsfeldblende oder Eintrittsluke (E_2 in Abb. 49), weil sie das Gesichtsfeld begrenzt bzw. das Fenster oder die Luke ist, durch welche man das Bild erblickt.

Eine häufig in Erscheinung tretende Eintrittsluke ist ein Spiegel. Zieht man vom Objektive der Kamera, mit der man das Spiegelbild aufnimmt, die Strahlen zu den äußersten Punkten des Spiegels, so sieht man, daß dieser die Begrenzung des Gesichtsfeldes ist. Dasselbe gilt von der Betrachtung des Spiegelbildes mit den Augen. In vielen Fällen wirkt der Linsenrand oder die Fassung selbst als Eintrittspupille.

Deutlich sieht man dies bei mehrlinsigen Kondensoren. Die Brennweite eines Doppelkondensors ist zirka die halbe Brennweite jeder Einzellinse. Die Lichtquelle im Brennpunkte des Kondensors steht also innerhalb der Brennweite der ersten Linse, die Strahlen treten daher aus der ersten Linse divergierend aus und können die gleich große, zweite Linse nicht erreichen, sind daher für die Projektion nutzlos. Es bildet der Rand der zweiten Linse die Eintrittspupille. Noch deutlicher sieht man dies beim

Strahlengang des Triplekondensors, bei dem deshalb die hinteren Linsen meist größer gewählt werden als der Meniskus (Abb. 50, 51).

Die allgemeinste Verwendung der Blenden ist die zur Verringerung des freien Linsendurchmessers; meist in der Form

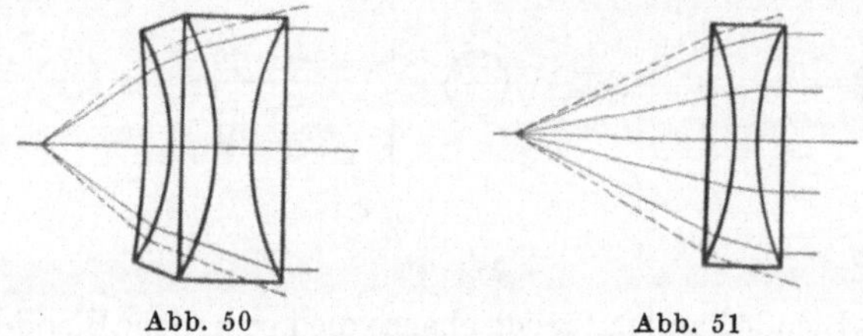

Abb. 50   Abb. 51

der Irisblende. Die Wirkung ist Verbesserung der Abbildung durch Abblendung der Randstrahlen und Vergrößerung der Tiefenschärfe (siehe S. 77 und 91).

2. Amerikaner, Masken, Vignettierung

Für die kinematographische Aufnahme kommen, abgesehen von der Irisblende des Objektivs, hauptsächlich 2 Arten von Blenden in Frage: der Amerikaner vor dem Objektiv und die Masken oder Caches unmittelbar vor dem Film. Für die letzteren kommt die Art der Abbildung nicht in Frage, da sie unmittelbar am Film in der Bildebene liegen und deshalb randscharf abgebildet werden. Der Amerikaner dagegen dient zur Vignettierung des Gesichtsfeldes, es muß seiner Stellung daher Aufmerksamkeit

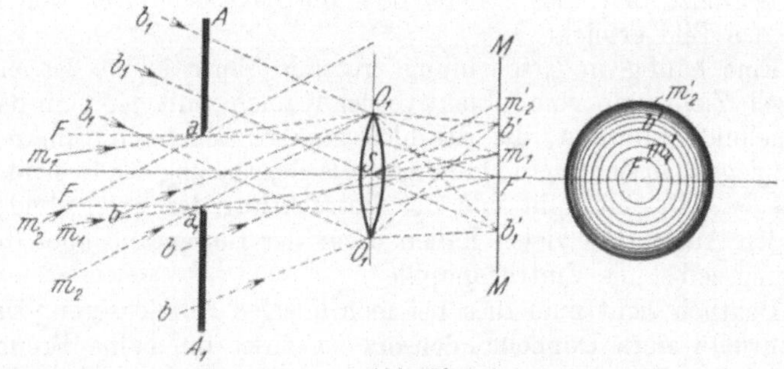

Abb. 52

zugewendet werden. Setzen wir den Amerikaner $A\,A_1$ vor das Objektiv (Abb. 52), so sehen wir, daß er dann als Gesichtsfeldblende wirkt, wenn sein Rand in den Strahlengang einschneidet. Den Strahlengang finden wir, indem wir (Einstellung auf Unendlich angenommen, Mattscheibe M in der Brennebene) die

Parallelbüschel zu den äußersten Bildpunkten $b'\,b'_1$ suchen; verbinden wir b' und b'_1 mit S, so erhalten wir die Achse der Büschel und $O_1\,b'\,O_1\,b'_1$ sind die äußersten Strahlen des bilderzeugenden Büschels. Da der Rand des Amerikaners $A\,A_1$ einen Teil des Strahlenbüschels abschneidet, wird das Bild dadurch beeinflußt. Das durch $a\,a_1$ begrenzte achsparallele Büschel $F\,F$ wird ganz vom Objektiv aufgenommen und erzeugt den Bildpunkt F', welcher auf der Mattscheibe M in bestimmter Helligkeit erscheinen wird. Drehen wir jetzt das Parallelbüschel $F\,F$ um die Punkte $a\,a_1$ gegen die Achse bis zur Lage m_1, Bildpunkt m'_1, so wird auch dieses Büschel noch voll vom Objektiv aufgenommen. Die Helligkeit des Punktes m'_1 muß also dieselbe sein wie von F'. Neigen wir aber das Büschel weiter, etwa bis b, so trifft ein Teil des Büschels nicht mehr die Fläche der Linse. Es ist also für die Büschel größerer Neigung als m_1 die wirksame Fläche des Objektivs und damit die relative Öffnung kleiner, daher die relative Helligkeit des Punktes b' geringer als von F' und m'_1. Immer weniger Strahlen fallen bei weiterer Neigung auf das Objektiv, bis schließlich in der Lage m_2 kein Strahl mehr das Objektiv treffen kann, hier verschwindet das Bild ganz. Es wird also das Bild des Gegenstandes auf der Mattscheibe in der Mitte hell, gegen den Rand zu dunkel erscheinen, und zwar wird der Übergang allmählich stattfinden. Man nennt ein solches Bild vignettiert. Es zeigt eigentlich die Mattscheibe neben der scharfen Abbildung des Dinges ein unscharfes Bild der Blende. Die Vignettierung findet man (Abb. 53) in der Weise, daß man

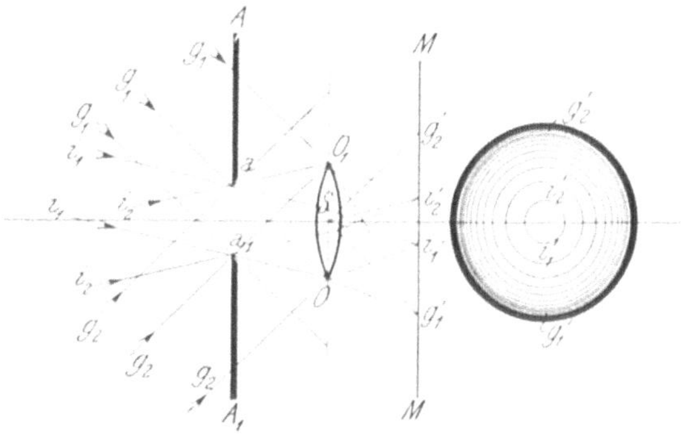

Abb. 53

zu den Grenzstrahlen $g_1\,g_2$ und $i_1\,i_2$ die Bilder nach bekannter Methode sucht. Man erhält in der Brennebene die Grenzpunkte $g'_1\,g'_2$ und $i'_1\,i'_2$. Von der Mitte bis i'_1 und i'_2 hat die Mattscheibe

das dem Büschelquerschnitt $a\,a_1$ entsprechende volle Licht, von
da erfolgt gegen den Rand Lichtabnahme, bis g'_1 und g'_2, woselbst gar kein Licht mehr die Platte trifft. Ist die ausgenützte Bildgröße kleiner als der Vignettekreis, so kommt die
Vignettierung nur teilweise zur Wirkung. Die Vignettierung
wird natürlich die Form der Blende annehmen. Man kann also
in den Amerikaner verschieden geformte Masken einschieben,
welche sich bei richtiger Stellung in richtiger Form unscharf
abbilden werden. Werden die Grenzstrahlen $O\,g$ parallel der
optischen Achse, das heißt ist $a\,a_1 = O\,O_1$, die Blende gleich groß
wie das Objektiv, so tritt bei jeder kleinsten Neigung des Büschels
gegen die Achse Lichtabnahme ein, das heißt die Helligkeit
des Bildes nimmt von der Mitte bis zum Rande allmählich ab.

Man wird durch das Gesagte in der Lage sein, bestimmte
Wirkungen der Amerikaner durch geeignete Anordnungen zu
erzielen.

Das Auge

Als wichtigstes optisches System wollen wir zunächst das
menschliche Auge (Abb. 54) betrachten. Der ziemlich kugelförmige Augapfel ist von einer festen, harten Haut umgeben;
der vordere Teil derselben ist stärker gewölbt und durchsichtig;
dieser Teil heißt die Hornhaut. Im Innern des Auges liegt die
Kristallinse, welche durch ein ringförmiges Band und die Ciliarmuskeln mehr oder weniger gewölbt werden kann, wodurch
ihre Brechkraft größer und kleiner wird. Unmittelbar hinter

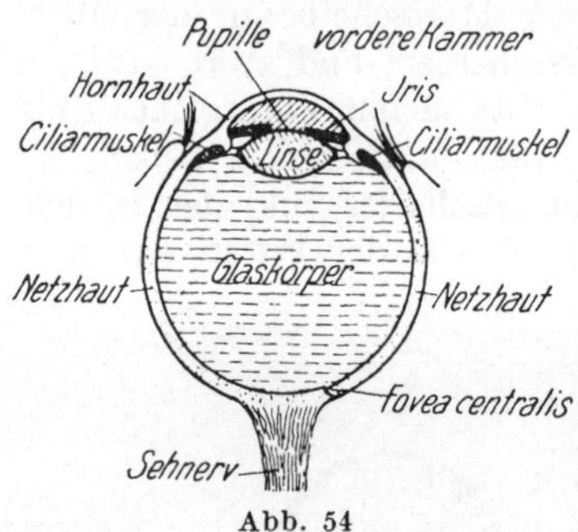

Abb. 54

der Hornhaut befindet sich eng an der Vorderfläche der Linse
anliegend die Regenbogenhaut oder Iris, in deren Mitte eine
kreisrunde Öffnung, die Pupille, welche je nach der Stärke des
einfallenden Lichtes und der Entfernung des Dinges, sich automatisch vergrößern und verkleinern kann. Der Raum zwischen
Hornhaut und Iris, die vordere Augenkammer, ist mit wasserheller Flüssigkeit, der Raum hinter der Linse mit einer gallertartigen, durchsichtigen Masse, dem Glaskörper, gefüllt. An der
Rückwand des Augapfels mündet der Sehnerv ein, der sich
im Augapfel zu einer dünnen Schichte, der Netzhaut, ausbreitet.
Auf dieser entwirft die Augenlinse die Bilder der Außenwelt.

Die empfindlichste Stelle der Netzhaut ist der Gelbe Fleck mit der Netzhautgrube (fovea centralis), gerade gegenüber der Linse; auf diesen Punkt wird bei scharfem Fixieren eines Gegenstandes das Bild entworfen, weil in diesem Teil der Netzhaut die Raumunterscheidung am schärfsten ist. Als optischer Apparat des Auges wirkt sowohl die Kristallinse als auch die Hornhaut, vordere Augenkammer und Glaskörper. Da das Auge nicht beiderseits an Luft grenzt, sind die vordere und hintere Brennweite verschieden, und zwar ist die vordere zirka 15,5 mm, die rückwärtige 20,7 mm. Wenn das Auge ruht, so ist die Linse entspannt und hat ihre geringste Wölbung und Brechkraft. Das Auge ist dann auf große Entfernung, auf Unendlich, eingestellt oder akkommodiert, das heißt von einem unendlich entfernten Gegenstande wird ein verkehrtes, verkleinertes, scharfes Bild in der Netzhautgrube entworfen. Von einem in der Nähe befindlichen Dinge würde bei gleicher Brechkraft der Linse das Bild weiter entfernt, also hinter der Netzhaut entstehen, auf der Netzhaut daher ein unscharfes Bild. Um das Bild auf der Netzhaut scharf zu machen, muß die Brechkraft der Linse vergrößert werden, was durch Wölbung der Linse, durch Anspannung der Ciliarmuskeln erfolgt. Man nennt dies Akkommodation auf Nähe. Die Nahgrenze, bei der das Auge gewöhnliche Druckschrift ohne besondere Anstrengung lesen kann, ist 25 cm; man nennt diese Entfernung deutliche Sehweite. Der nächste Punkt, den ein Auge überhaupt noch scharf erkennen kann, der sogenannte Nahepunkt, ist zirka 15 cm vom Auge entfernt. Es verhält sich also das Auge wie eine photographische Kamera mit fester Mattscheibendistanz und variabler Brennweite der Linse, wobei Dinge von unendlicher Entfernung bis 15 cm Distanz scharf abgebildet werden.

Wenn das Ding in der Naheeinstellung von 15 cm sich befindet, so geht von jedem Punkte des Dinges ein Kegelbüschel zum Auge, welches den Punkt als Spitze und den Pupillenkreis zur Grundfläche hat. Dieses Büschel wird in dem Auge so gebrochen, daß das bildseitige Büschel gerade seine Spitze, welche das Bild des Punktes ist, auf der Netzhaut entwirft. Kommt der Punkt noch näher, so wird das bildseitige Büschel seine Spitze hinter der Netzhaut haben und auf der Netzhaut entsteht ein Lichtscheibchen, das Bild erscheint dann unscharf.

Wenn daher dem Auge ein Bild dargeboten wird, welches durch ein Linsensystem entworfen ist, so kann das Bild nur dann scharf erscheinen, wenn der Strahlenkegel, der die Pupille trifft, so schlank oder schlanker ist, als dem Nahepunkt entspricht.

Da das Auge in unendliche Entfernung ohne jede Anstrengung blickt, wird bei optischen Apparaten, die zur Betrachtung durchs Auge dienen, der Strahlengang so eingerichtet, daß aus der fürs Auge bestimmten Linse, der Augen- oder Okularlinse, die Strahlen parallel oder unter sehr kleinem Divergenzwinkel austreten und das Auge treffen. Das Auge erblickt dann den Gegenstand in der Akkommodation auf Unendlich oder sehr großer Entfernung, also entspannt. Die Unterscheidungsfähigkeit des Auges für kleine oder nahe beieinanderliegende Gegenstände ist beschränkt und hängt mit der Größe der kleinsten Nervenenden der Netzhaut zusammen. Diese stellen eine Art sehr feines Mosaik vor. Wenn die Bilder zweier Gegenstände nun auf der Netzhaut so weit zusammenfallen, daß sie gerade nur ein Nervenende der Netzhaut bedecken, so können sie nicht mehr unterschieden werden. Diese Grenze ist erreicht, wenn der Winkel, den die Sehstrahlen bilden, nur mehr 1 Minute beträgt.

Denken wir uns ein Ding in der deutlichen Sehweite eines normalen Auges, also in 25 cm Entfernung, und bestimmen jetzt die Längenausdehnung des Dinges, welches unter 1 Minute erscheint. Zu diesem Zwecke schlagen wir um die Augenpupille als Mittelpunkt einen Kreis von 25 cm Radius. Dieser hat einen Umfang von $2\,r\,\pi = 500\,\pi = 1570$ mm. Der Kreis hat 360^{0} zu je 60 Minuten, das ist 21 600 Minuten, daher hat 1 Minute auf dem Kreisumfange die Länge von $\dfrac{1570}{21\,600} = 0{,}073$ mm, somit nimmt man rund $\dfrac{1}{10}$ mm an. Das Auge wird also 2 Punkte, die $\dfrac{1}{10}$ mm voneinander abstehen, in der deutlichen Sehweite noch als getrennt wahrnehmen. Sind die Punkte näher aneinander, so kann das Auge dieselben nicht mehr voneinander unterscheiden. Man nimmt dieses Maß als Erfordernis der Schärfe für gewöhnliche Lichtbilder an.

Ist etwa die Verbreiterung einer Linie nicht mehr als $\dfrac{1}{10}$ mm, so sieht das Auge in deutlicher Sehweite die Linie vollkommen scharf. Man kann die Unterscheidung noch verbessern, wenn man den Gegenstand dem Auge nähert, das geht bis auf 10 bis 15 cm, dabei muß das Auge auf große Nähe akkommodieren und strengt sich an. Die Unterscheidung steigt im Verhältnis von $\dfrac{25}{10}$ oder $\dfrac{25}{15}$. Eine wesentliche Verbesserung erzielt man, wenn man vor das Auge einen Karton oder Papier mit einem feinen

Loche bringt. Man kann sich dann dem Dinge schon bis 2 cm nähern, die Verbesserung der Unterscheidung ist $\frac{25}{2}$.

Die Wirkung des feinen Loches ist die einer Blende, so daß der Strahlenkegel, welcher von jedem Dingpunkte zum Auge geht, jetzt nicht die Pupille, sondern das feine Loch zur Grundfläche hat. Es ist deshalb auch der bildseitige Lichtkegel sehr schlank und der Unschärfekreis, in welchem er die Netzhaut trifft, sehr klein (Abb. 68) (siehe weiter unten bei Tiefenschärfe). Es ist also die Unterscheidungsfähigkeit nicht von der wirklichen Größe oder Entfernung der Gegenstände abhängig, sondern vom Winkel der Sehstrahlen. Einem Winkel von 1 Minute entspricht auf der Netzhaut eine Größe der Nervenelemente von zirka 0,006 mm, das ist also ungefähr die Korngröße der photographischen Platten. Die Angaben über deutliche Sehweite und Nahepunkt beziehen sich auf das normale Auge. Das Auge kann aber auch kurz- oder weitsichtig sein. Beim kurzsichtigen ist die Brechkraft der Linse im entspannten Zustand zu groß, so daß der Brennpunkt vor der Netzhautgrube liegt, beim weitsichtigen ist die Brechkraft zu gering, so daß der Brennpunkt hinter der Netzhaut liegt. Man korrigiert das Auge durch Linsen, und zwar setzt man vor das kurzsichtige Auge Zerstreuungslinsen, so daß die resultierende Brechkraft kleiner wird,

$$\frac{1}{f} = \frac{1}{f_1} - \frac{1}{f_2} \tag{15}$$

das weitsichtige Auge erhält eine Sammellinse. Die Brechkraft wird größer $\frac{1}{f} = \frac{1}{f_1} + \frac{1}{f_2}$. Durch diese Korrektur kommt der Brennpunkt im entspannten Zustande auf die Netzhaut zu liegen.

IV. Die optischen Geräte

Alle optischen Geräte haben den Zweck, die Tätigkeit des Auges zu unterstützen oder das Auge in seiner Tätigkeit zu ersetzen. Je nach ihrer Art unterscheiden wir zwei Gruppen: 1. Solche, welche nur für subjektiven Gebrauch bestimmt sind, also nur für ein Auge oder Augenpaar; solche Einzelinstrumente sind die Lupe, das Fernrohr, das Opernglas, das Mikroskop usw. Bei allen diesen Instrumenten bildet die Optik zusammen mit dem Auge ein Kombinationssystem, welches auf der Netzhaut ein wirkliches Bild entwirft. Es dient also die Netzhaut als Projektionsschirm oder Mattscheibe, daher kann das Bild nur von einer Person wahrgenommen werden. 2. Solche zur objektiven Bilddarstellung, das sind die photographischen und Bildwurfobjektive, Projektionsmikroskope usw. Bei diesen wird ein verkleinertes (Photographie) oder vergrößertes (Bildwurf) Bild des Dinges auf einem Schirm entworfen, welcher gleichzeitig von vielen Personen gesehen werden kann. Es sind hier das optische Gerät und das Auge in ihrer Tätigkeit voneinander ganz unabhängig.

A. Subjektive Systeme

1. Die einfache Lupe

Wie wir bereits gehört haben, ist die untere Grenze der Sichtbarkeit für das Auge ein Ding, welches unter dem Bildwinkel von 1 Minute erscheint.

Das Gerät, das man zur Vergrößerung des Unterscheidungsvermögens verwendet, ist die Lupe. Das ist eine einfache Sammellinse, welche so vor das Auge gestellt wird, daß das Ding in der Brennweite steht. Dann muß das von jedem Dingpunkte ausgehende Strahlenbüschel die Linse parallel verlassen, wobei

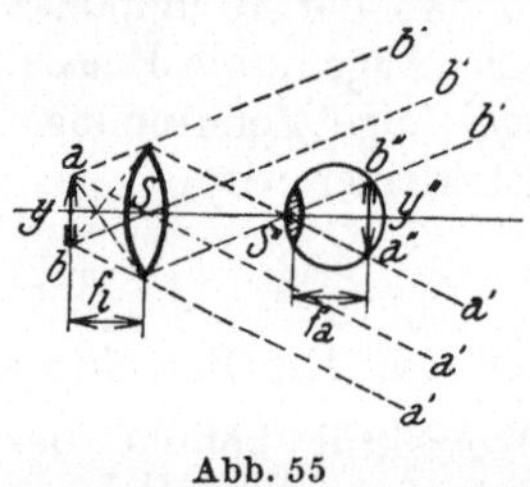

Abb. 55

die Richtung jedes Büschels durch die vom Dingpunkte zur Linsenmitte gezogenen Hauptstrahlen gegeben ist (Abb. 55). Das durch die Linse blickende Auge wird durch diese Parallelbüschel getroffen, diese werden wieder zu Punktbildern auf der Netzhaut vereinigt. Da die Büschel parallel sind, so ist es so, als ob sie von einem Punkte in ∞ Entfernung kämen, das Auge ist folglich, wenn es von dem Dinge ein scharfes Bild erhält, auf ∞ akkommodiert, das heißt entspannt. Ein Maß der Vergrößerung erhalten wir, wenn wir die Größe des Netzhautbildes mit und ohne Lupe betrachten.

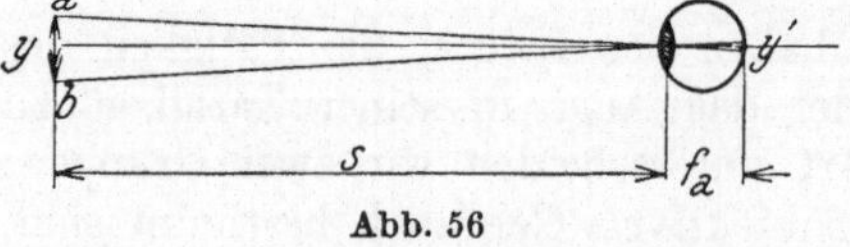

Abb. 56

Wir nehmen an, daß wir ohne Lupe den Gegenstand in deutlicher Sehweite 25 cm vom Auge entfernt halten. In diesem Falle verhält sich (Abb. 56) $\frac{y}{y'} = \frac{S}{f_a}$, $y' = y\,\frac{f_a}{S}$. Die Größe des Netzhautbildes verhält sich zur Dinggröße wie die Augenbrennweite zur deutlichen Sehweite. Es ist dies nicht ganz genau, da bei Einstellung auf deutliche Sehweite das Auge nicht auf ∞ akkommodiert, also die

Bildentfernung etwas größer ist als f_a. Der Fehler ist aber sehr gering. Im zweiten Falle betrachten wir das Ding durch die Lupe S (Abb. 55), das Ding steht in der Brennweitenentfernung f_2 von der Linse. Aus der Lupe treten parallel Büschel aus, und zwar $a'a'a'$ von Punkt a, $b'b'$ vom Punkte b. Wir wissen nun, daß, wenn ein Parallelbüschel eine Linse trifft, das Bild ein Punkt der Brennebene ist. Die Konstruktion haben wir schon früher durchgeführt. Wir brauchen nur durch die Pupillenmitte den Büschelhauptstrahl zu ziehen und erhalten im Durchschnittspunkt mit der Netzhaut den Bildpunkt. Es verhält sich in den ähnlichen $\triangle\, a\,b\,S$ und $a''b''S''$ $\dfrac{y}{y''} = \dfrac{f_l}{f_a}$, $y'' = y\dfrac{f_a}{f_l}$. Die durch die Lupe bewirkte Vergrößerung gegenüber dem Sehen in deutlicher Sehweite ist demnach

$$\frac{y''}{y'} = V = \frac{y\dfrac{f_l}{f_a}}{y\dfrac{f_a}{S}} = \frac{S}{f_l}$$

$$V = \frac{S}{f_l} \tag{18}$$

das heißt die durch die Lupe bewirkte Vergrößerung ist gleich der deutlichen Sehweite von 25 cm, geteilt durch die Brennweite der Lupe. Je kleiner also die Brennweite der Lupe, desto stärker ist die Vergrößerung.

Wenn also ein normales Auge durch eine Sammellinse von 1 cm Brennweite blickt, so ist $V = \dfrac{25}{1} = 25$; die Vergrößerung ist 25fach. Um die Vergrößerung einer Lupe zu prüfen, benützt man am besten 2 Millimetermaßstäbe; den einen betrachtet man durch die Lupe, den anderen gleichzeitig mit dem anderen Auge direkt aus 25 cm Entfernung. Man bringt nun beide Bilder zur Deckung, was man durch Schielen beider Augen erzielen kann. Man kann nun abzählen, wieviel wirkliche Millimeter auf ein vergrößertes Millimeter gehen, wodurch man direkt die Linearvergrößerung erhält. Es gehört einige Übung dazu, beide Bilder zur Deckung zu bringen.

Soll die Lupe zum Scharfeinstellen des Mattscheibenbildes verwendet werden, so muß man dieselbe zunächst für das Auge scharf einstellen. Zu dem Zwecke bringt man in die Mattscheibenebene ein scharfes Strichbild. Man stellt dasselbe her, indem man eine Glasplatte mit einer Gelatinelösung, 4 bis 6%, übergießt, abtropfen und trocknen läßt; man kann dann mit Tusch und Reißfeder scharfe Striche ziehen. Auf dieses Bild wird scharf eingestellt, dann ist die Lupe für das betreffende Auge in der richtigen Entfernung von der Mattscheibenebene.

Wie wir aus Abb. 55 und 57 leicht ersehen, ist die Vergrößerung durch die Lupe immer dieselbe, wo auch das Auge steht, wenn das Ding wirklich in der Brennebene der Linse steht. Denn das Auge wird immer von denselben Parallelbüscheln getroffen,

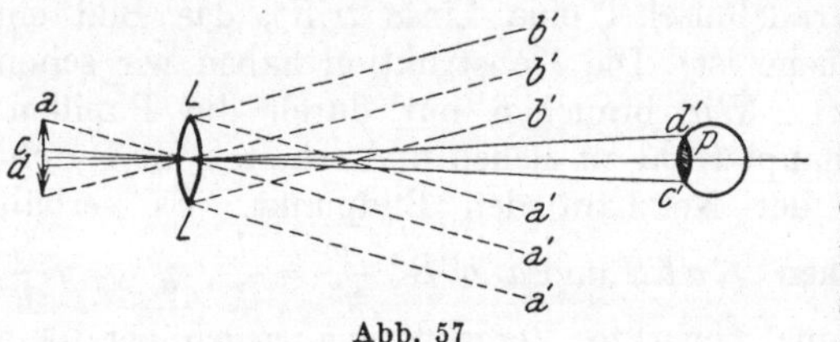

Abb. 57

weshalb die Vergrößerung des Netzhautbildes immer dieselbe sein muß.

Es wird aber, je weiter das Auge sich von der Lupe entfernt, das Bildfeld kleiner. Die stark divergierenden Büschel $a'b'$ (Abb. 57) können die Pupille nicht treffen. Daher kann von a und b kein Bild entstehen. Die äußersten Punkte, die noch Bildbüschel in die Pupille entsenden, sind $c\,d$, diese geben die Bildbüschel $c'd'$. Es würde also bei der gezeichneten Lage des Auges vom Dinge nur der Teil $c\,d$ vergrößert gesehen werden. Die Augenpupille ist Gesichtsfeldblende. Wenn wir ihr dingseitiges Bild entwerfen, erhalten wir sofort die Gesichtsfeldbegrenzung.

Wenn wir einen Gegenstand mit der Lupe betrachten, so können wir die Lupe etwas in der Richtung der Achse hin und her bewegen, also den Gegenstand außerhalb der Brennebene bringen und erhalten doch ein Bild. Die austretenden Bildbüschel sind dann nicht vollkommen parallel, das Auge akkommodiert dann auf Nähe und gleicht auf diese Weise kleine Abweichungen von der Parallelrichtung aus. Der Bereich ist aber sehr klein.

Wir wollen noch den Fall betrachten, daß wir die Lupe auf einen fernen Gegenstand richten. Halten wir das Auge knapp vor die Lupe, so sehen wir gar kein Bild. Entfernen wir das Auge von der Lupe, so werden wir von einem bestimmten Punkte an ein verkleinertes, verkehrtes Bild des Gegenstandes sehen. Dieses Bild bleibt immer sichtbar, so weit sich auch das Auge von der Lupe entfernt.

Der Strahlengang ist hier folgender: Vom fernen Gegenstande wird ein wirkliches Luftbild in der Brennebene der Lupe entworfen (Abb. 58). Dieses Luftbild kann das Auge erst wahrnehmen, wenn es in deutlicher Sehweite von diesem entfernt

ist. Es muß also die Entfernung des Auges von der Lupe mindestens der Brennweite der Linse + deutlicher Sehweite sein.

Bei weiterer Entfer-
nung bleibt das Licht-
bild natürlich immer
sichtbar.

Der Linsenrand
begrenzt das Gesichts-
feld. Die Strahlen $o\,L$

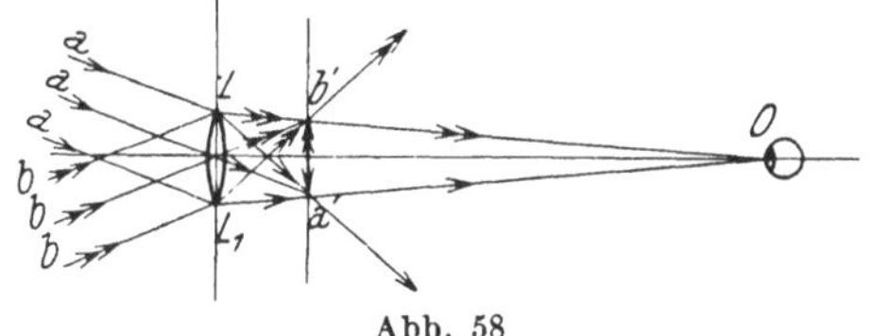

Abb. 58

und $o\,L_1$ sind die äußersten Strahlen, die von der Linse kommend
das Auge treffen. Sie durchsetzen die Brennebene in den
Punkten a' und b'. Diesen Punkten entsprechen die dingseitigen
Parallelbüschel a und b, stärker geneigte Büschel werden nicht
mehr zum Auge gebrochen. Es wird also das Gesichtsfeld um
so kleiner, je weiter das Auge von der Linse absteht.

Steht das Ding etwas weiter als die Brennweite vor der
Lupe, so wird durch die Lupe ein wirkliches Bild in großer Entfernung entworfen (Bildwurf). Dieses kann auf einem Schirme
sichtbar gemacht werden (Abb. 59). Direkt kann man dieses Bild

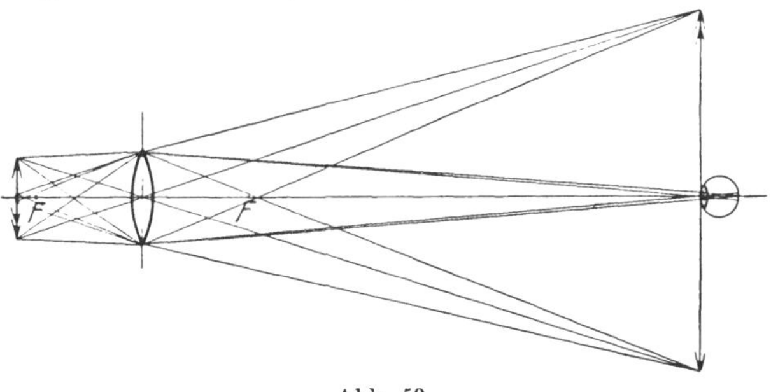

Abb. 59

niemals wahrnehmen. Stellen wir das Auge in den Strahlengang, so werden nur Büschel geringer Achsneigung die Pupille
treffen, dem entsprechen aber Dingpunkte, die nahe beieinander
liegen, nur diesen kleinen Teil des Dinges kann das Auge wahrnehmen, das ganze Bild niemals, auch wenn dieses sehr klein ist.

2. Zusammengesetzte Lupen

Wenn man mit einer einfachen Lupe starke Vergrößerungen
erzielen will, muß die Brennweite sehr klein werden. Man muß
daher sehr nahe an den Gegenstand heran, der Linsendurch-
messer wird auch klein, was die Anwendung erschwert, außerdem
sind die Fehler der Linsen sehr groß. Für starke Vergrößerungen

verwendet man kombinierte Lupen, welche unter den Namen Mikroskop und Fernrohr bekannt sind.

Das Wesen beider Instrumente ist folgendes: Es wird zunächst durch eine Sammellinse, das Objektiv, vom Dinge ein wirkliches Bild in der Luft erzeugt; dieses wirkliche Luftbild wird durch eine zweite Sammellinse, das Okular, welches in der Brennweite vom Luftbild entfernt sich befindet, vom Auge betrachtet. Der Unterschied beider Instrumente ist folgender: Das Mikroskop dient zur Vergrößerung sehr kleiner Gegenstände, bei welchen wegen ihrer Kleinheit der Sehwinkel zu gering ist, um Einzelheiten oder den Gegenstand selbst wahrnehmen zu können. Das Objektiv hat, entsprechend dem kleinen Dinge, kleinen Durchmesser und große Brechkraft, während das Okular größeren Durchmesser und kleinere Brechkraft hat. Das Fernrohr dient zur Betrachtung sehr ferner Gegenstände; hier wird der Sehwinkel wegen der großen Entfernung des Gegenstandes zu klein, um Einzelheiten wahrnehmen zu können. Hier hat das Objektiv eine große Brennweite, das Okular eine kleine. Es ist also gewissermaßen ein umgekehrtes Mikroskop.

a) Das Mikroskop

Das Objektiv hat kleine Brennweite (Abb. 60), das Ding $a\,b$ befindet sich nahe dem vorderen Brennpunkt außerhalb der Brennweite; es wird deshalb durch das Objektiv ein vergrößertes, verkehrtes Luftbild $a'\,b'$ erzeugt, welches sich ohne weiteres auf einem Schirme auffangen läßt. Das letztere geschieht aber nicht,

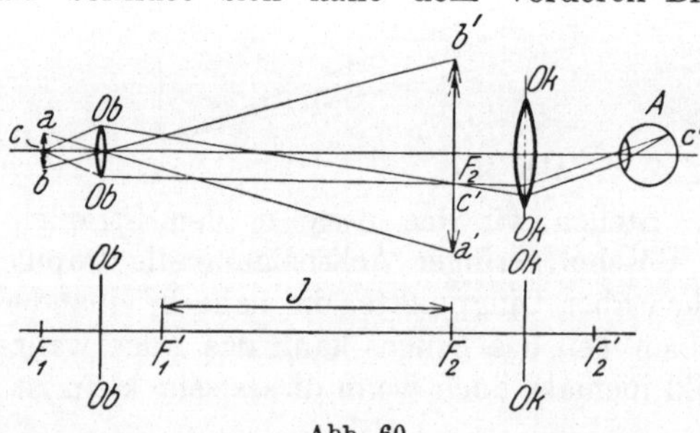

Abb. 60

sondern man läßt das Bild nur in Luft entstehen. Dieses Luftbild entsteht in der Brennebene des Okulars OK, die aus diesem austretenden Parallellichtbüschel werden auf der Netzhaut des Auges A zu einem scharfen Bilde des Gegenstandes vereinigt. Das Okular und Objektiv sind in einem auseinanderziehbaren Rohre, dem Tubus, angebracht, so daß ihre Entfernung verstellt werden kann. Wenn wir das Sytsem aufzeichnen und die Formeln für die Kombination aufstellen, so ergibt sich $f = \dfrac{f_1 f_2}{J}$.

Wir sehen, daß f um so kleiner wird, je größer J ist. Man kann die Formel für f auch schreiben

$$f = f_1 \cdot \left(\frac{f_2}{J}\right). \tag{19}$$

Wenn also f_1 und f_2 gegeben sind, so kann man durch Vergrößerung von J (durch Auseinanderziehen des Tubus) die Brennweite beliebig verkleinern. Hätte beispielsweise $f_1 = 5$ mm, $f_2 = 10$ mm, $J = 150$ m, somit $f = \dfrac{5 \cdot 10}{150} = 0{,}33$ mm, wird $J = 300, f = 0{,}16$ mm usw.

Eine einfache Lupe von so geringer Brennweite wäre praktisch nicht verwendbar. In der Verwendung des Mikroskops, wie wir es bis jetzt betrachtet haben, entsteht nur ein Scheinbild; wir können dasselbe mit dem Auge betrachten oder auch durch ein Kameraobjektiv photographieren. Diesen letzteren Weg der Photographie wählt man aber praktisch aus verschiedenen Gründen nicht. Man erhält eine Mikrophotographie vielmehr so, daß man den Tubus so weit auseinanderzieht, daß das vom Objektiv entworfene Luftbild außerhalb der Brennweite des Okulars entsteht; dann entwirft das letztere ein wirkliches vergrößertes Bild des Gegenstandes, welches auf einem Schirm oder der photographischen Platte aufgefangen werden kann. Man entfernt das Kameraobjektiv, das Mikroskop als solches vertritt dann die Stelle des Objektivs. Man kann auch ohne Okular photographieren, dann wirkt das Mikroskopobjektiv direkt als Kamera- oder Projektionsobjektiv kleiner Brennweite; letzterer Vorgang ist nur dann zu empfehlen, wenn das Objektiv für sich photographische Farbenkorrektion besitzt. Meist ist jedoch für photographische Zwecke Objektiv und Okular zusammen korrigiert, so daß das Objektiv allein unscharfe Bilder ergibt. Zur Scharfeinstellung des Mattscheibenbildes bei Kinokameras kann das Mikroskop nicht verwendet werden, da es nur eine kleine Bildfläche abbilden kann, demnach nur einen kleinen Teil der Mattscheibe zeigen würde.

b) Das Fernrohr

Das Objektiv hat große Brennweite, das Ding befindet sich in großer Entfernung, es wird daher das Bild in der Brennebene entworfen, und zwar als wirkliches Luftbild. Dieses wird durch eine Sammellinse kleiner Brennweite einer Lupe, dem

Okular, betrachtet (Abb. 61). Beim Fernrohre steht das Okular so, daß das Luftbild in seiner Brennebene entsteht. Das Objektiv

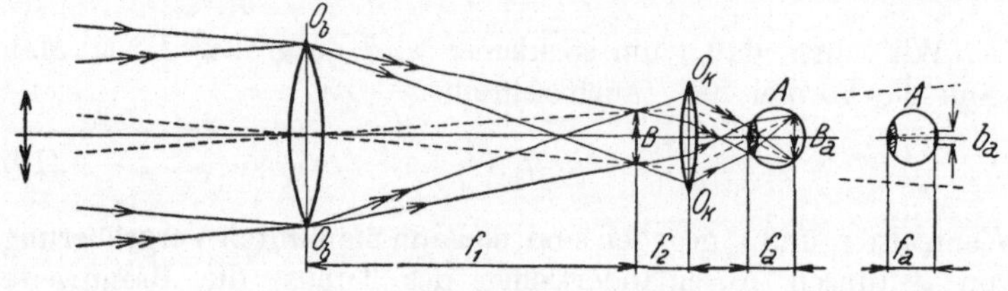

Abb. 61

hat große Brennweite, daher auch großen Durchmesser. Dagegen hat das Okular kleine Brennweite und kleinen Durchmesser. Daraus ergibt sich die bekannte äußere Form des Fernrohres. Die Vergrößerung des Fernrohres ergibt sich nun aus Abb. 61.

Ohne Fernrohr würden wir das Bild des Gegenstandes auf der Netzhaut in der Größe b_a erhalten, mit dem Fernrohre in der Größe B_a. Daher ist $\dfrac{B_a}{b_a} = V$ die Vergrößerung des Fernrohres. Ist f_a die Brennweite des Auges, B das vom Objektiv entworfene Luftbild, f_1 die Brennweite des Objektivs, f_2 des Okulars, so verhält sich

$$\frac{b_a}{f_a} = \frac{B}{f_1}, \quad \frac{f_a}{B_a} = \frac{f_2}{B}. \quad \frac{b_a}{B_a} = \frac{f_2}{f_1} \quad \frac{B_a}{b_a} = V.$$

$$V = \frac{f_1}{f_2} \tag{20}$$

das heißt das Fernrohr vergrößert um so stärker, je größer die Brennweite des Objektivs im Verhältnis zur Brennweite des Okulars ist.

Das Fernrohr, wie wir es jetzt betrachtet haben, heißt astronomisches, weil es hauptsächlich zur Betrachtung der Gestirne verwendet wird, wobei es nichts ausmacht, daß das Bild verkehrt steht. Für Zwecke der Betrachtung entfernter irdischer

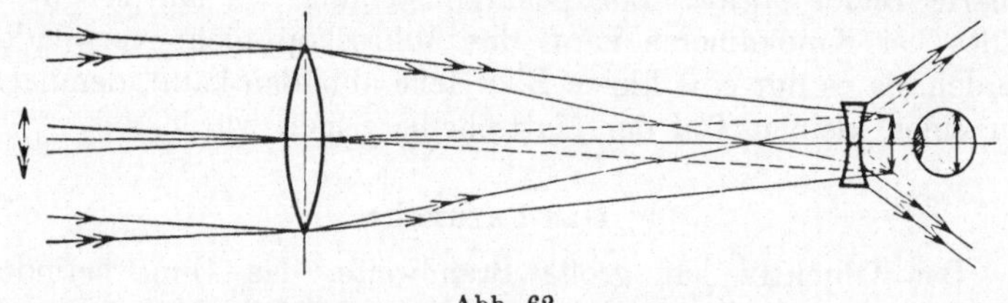

Abb. 62

Gegenstände wird ein aufrechtes Bild verlangt. Ein solches Fernrohr ist das Opernglas (Galiläisches Fernrohr, Abb. 62).

Hier dient als Okular eine Zerstreuungslinse, welche so gestellt ist, daß das vom Objektiv entworfene Luftbild in den ersten Brennpunkt zwischen Zerstreuungslinse und Auge fällt. Man erhält dann ein aufrechtes, vergrößertes Bild.

c) Das Einstellfernrohr

Die Fernrohre werden beim kinematographischen Aufnahmeapparat zur Scharfeinstellung auf der Mattscheibe oder dem Film verwendet. Die Vergrößerung kann nicht zu groß werden, da man durch die Größe des Apparates in der Brennweite des Objektivs beschränkt ist. Anderseits ist es auch nicht möglich, die Mattscheibe in unendliche Entfernung zu stellen, sondern es wird sich die Mattscheibe immer ziemlich nahe dem Fernrohrobjektive befinden müssen. Seiner Art nach ist das Einstellfernrohr ein astronomisches, da das Mattscheibenbild verkehrt ist und durch das astronomische Fernrohr aufgerichtet wird. Es besteht aus einer Sammellinse größerer Brennweite, die dem Filmbild zugekehrt ist und einer Sammellinse kleinerer Brennweite als Okular. Das Okular muß großen Durchmesser haben, um das nahe dem Objektiv stehende Filmbild voll auszuzeichnen, da es als Gesichtsfeldblende wirkt.

Beispiel: Es wäre die zur Verfügung stehende Länge der Kinokamera 30 cm. So könnte man das Objektiv mit 6 cm Brennweite wählen (Abb. 63), das Okular mit 1,5 cm, die Vergrößerung wäre dann vierfach. Das Objektiv steht vom Filmfenster 20 cm entfernt; dann ist $x \cdot x' = f^2$, $x = 20 - 6 = 14\ cm$,

$$x' = \frac{6 \cdot 6}{14} = \frac{18}{7} = 2\frac{4}{7} \text{ cm},$$ die Entfernung des Luftbildes vom Objektive,

$$x' + f = 2\frac{4}{7} + 6 = 8\frac{4}{7} \text{ cm}.$$

Die Entfernung des Luftbildes vom Objektiv ist $8\frac{4}{7}$ cm. Das Bild entsteht also in

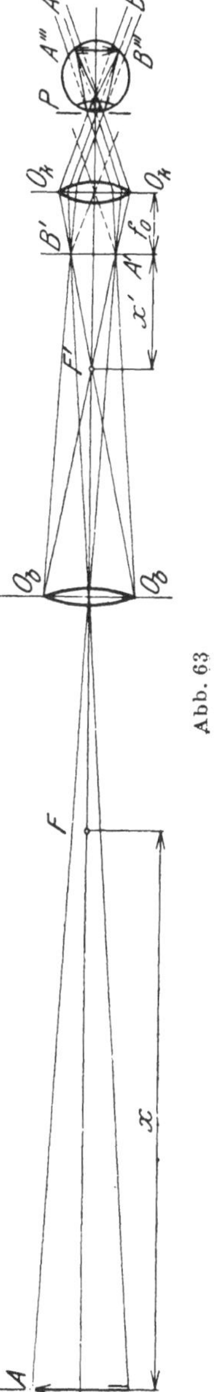

$28\frac{4}{7}$ cm Entfernung vom Filmfenster und muß in die Brennebene des Okulars von 15 mm Brennweite fallen, folglich die Okularentfernung 30 cm von der Mattscheibe. Die genaue Scharfeinstellung erfolgt durch Verstellung des Okulars.

Die äußersten okularseitigen Büschel sind $O_b\,O_b\,B'$ und $O_b\,O_b\,A'$. Soll der Rand des Filmbildes ebensogut sichtbar sein wie der übrige Teil, so müssen die beiden äußersten Büschel vom Okular voll aufgenommen werden. Dieses muß also ziemlich groß sein. Aus dem Okular treten die Büschel parallel aus. Die Richtung findet man, indem man von B' und A' die Hauptstrahlen zum Okular zieht. Wie man sieht, schneiden diese Büschel die Achse erst in einiger Entfernung vom Okular in P. Würde die Augenpupille scharf am Okular stehen, so könnte sie die äußersten Strahlenbündel nicht aufnehmen, die Augenpupille würde als Gesichtsfeldblende wirken. Erst wenn die Augenpupille nach rechts in den Punkt P rückt, kann sie die äußersten Büschel $B'''\,A'''$ aufnehmen. Dieser Punkt P ist durch eine kreisrunde Blende markiert, damit man weiß, wo das Auge hinzustellen ist. Bringt man das Auge aus der Zentralstellung, so sieht man nur einen Teil von AB.

Bei Gebrauch des Fernrohres ist unbedingt vorher die Scharfeinstellung auf das Filmfenster erforderlich, was am besten wie vorhin durch Einstellung auf eine scharfe Strichzeichnung im Filmfenster erfolgt. Nach erfolgter Einstellung wird das Okular fixiert. Das Okular muß für jedes Auge neu eingestellt werden, da Differenzen möglich sind.

B. Objektive Systeme

1. Die photographischen Objektive

Diese sind Sammellinsen und bezwecken, vom Dinge ein vergrößertes oder verkleinertes reelles Bild auf einem Schirme zu entwerfen. Zum Zwecke der Fehlerkorrektur sind sie aus mehreren Linsen zusammengesetzt. Von großer Wichtigkeit ist bei diesen Objektiven die relative Öffnung oder Helligkeit. Wie schon früher auseinandergesetzt wurde, läßt ein Objektiv um so mehr Licht durch, je größer die freie Glasfläche ist. Die Beleuchtungsstärke der Mattscheibe wird weiter um so stärker sein, je näher sie dem Objektiv steht. Da bei der Aufnahme die Entfernung des Gegenstandes meist sehr groß im Verhältnisse zur Brennweite ist, so muß nach der Gleichung $x\,x' = f^2$ das Bild sehr nahe der Brennebene entstehen. Es steigt also die Bildhelligkeit mit dem Durchmesser d des Objektivs und sinkt mit größerer Brennweite. Es wird das Verhältnis $\frac{d}{f}$ die relative Öffnung des Objektivs genannt. Meist wird das Verhältnis ausgedrückt mit $f:n$, wobei n eine beliebige Zahl ist. Dies ist so zu verstehen, daß $d = f:n$; wenn also ein Objektiv den Durchmesser 4 cm und die Brennweite 16 cm hat, so ist die Öffnung $f:4$, das heißt der Durchmesser ist $\frac{f}{4} = 4$ cm. Hätte das Objektiv 32 cm Brennweite, so wäre die Öffnung $f:8$, also halb so groß. Die wirkliche Helligkeit des Bildes ist dem Quadrate der Öffnungszahl proportional. Denn wie schon abgeleitet wurde, sinkt die Helligkeit mit dem Quadrat der Entfernung der Mattscheibe von der Linse, also mit dem Quadrate der Brennweite, ebenso steigt die Helligkeit mit der Fläche des Objektivs, also mit dem Quadrate des Durchmessers. Bei einem Objektiv bestimmter Brennweite ist die Vergrößerung aus der Formel $V = \frac{f}{x} = \frac{x'}{f}$ bestimmt.

In den meisten Fällen ist das Ding ein Vielfaches der Brennweite vom Objektiv entfernt, das Bild steht dann nahezu in der Brennweite. Man findet dann die Vergrößerung (die hier natürlich eine Verkleinerung ist), indem man von den Endpunkten des Dinges die Hauptstrahlen bis zum Durchstoßpunkte mit der Brennebene (Mattscheibe) bestimmt.

Ist D die Entfernung des Dinges, so ist

$$V = \frac{f}{D}. \tag{21}$$

Das Bild erscheint auf der Mattscheibe so vielmals kleiner als das Ding, als die Brennweite kleiner ist als die Entfernung des Dinges.

Diese Regel gilt natürlich nicht, wenn man das Ding nur wenig verkleinert abbilden will, dann muß nach der Formel mit der Entfernung von Ding und Bild von den Brennpunkten gerechnet werden, $x\,x' = f^2$. Will man von einem entfernten Gegenstande ein größeres Bild erhalten, so muß die Brennweite größer gewählt werden. Um mit einem Objektiv verschiedene Brennweiten zu erhalten, verwendet man die Tele-Objektive. Bei größerer Brennweite muß natürlich auch die Entfernung der Mattscheibe vom Objektiv größer werden. Beim Tele-Objektiv ist nun die Einrichtung so getroffen, daß die Entfernung der Mattscheibe von der Hinterlinse des Objektivs wesentlich

kleiner wird als die Brennweite, das heißt der Punkt, von welchem
die rückwärtige Brennweite zu rechnen ist, der zweite Haupt-

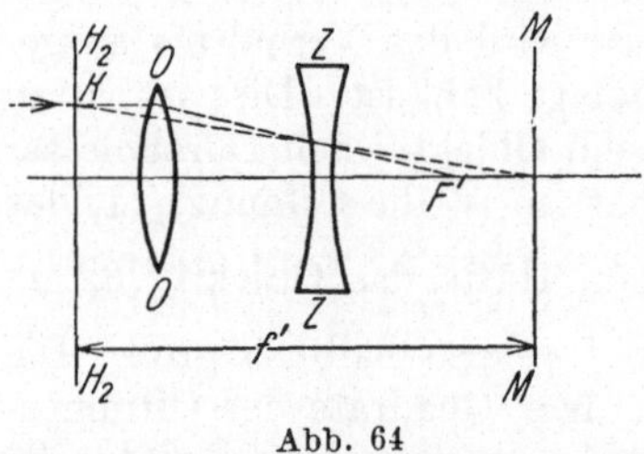

Abb. 64

punkt, wird von der Mattscheibe
weg gegen das Ding verschoben.
Denken wir uns (Abb. 64) den
achsparallelen Strahl, der das
Objektiv O trifft. Dieser wird
nach dem Brennpunkt F' gebrochen. Stellen wir nun zwischen
Brennpunkt und Objektiv eine
Zerstreuungslinse Z, so wird diese
die Strahlen von der Achse weg
brechen, so daß der Brennpunkt nach rechts hinausrückt. Der
neue Brennpunkt bestimmt die Mattscheibenebene M. Wenn wir
nun den Knickpunkt K suchen, in welchem der achsparallele
Strahl in seine neue Richtung gekommen ist, so brauchen wir
nur den einfallenden und den gebrochenen Strahl zum Schnitt zu
bringen; dieser Punkt K liegt dann in der zweiten Hauptebene H_2,
er liegt, wie wir sehen, links vom Objektiv gegen das Ding hin,
das heißt die Brennweite f', die von der Mattscheibe M bis zur
zweiten Hauptebene H_2 zu rechnen ist, ist größer, als der Entfernung vom Objektiv entspricht. Ich habe also an der Länge
des Kameraauszuges gespart. Die resultierende Brennweite
wird nach der Formel $f = \dfrac{f_1 f_2}{J}$ gefunden. Um den hinteren Brenn-

punkt zu finden, muß ich von F'_2 um die Strecke $D' = \dfrac{f_2^2}{J}$ nach

rechts wandern. Die zweite Hauptebene (der Knickpunkt der

parallelen Strahlen) liegt dann vom Brennpunkte um $f = \dfrac{f_1 f_2}{J}$

nach links. Das Verhältnis der beiden Strecken gibt uns das
Maß für die Verkürzung des Kameraauszuges.

$$\frac{f_2^2}{J} : \frac{f_1 f_2}{J} = \frac{f_2^2}{f_1 f_2} = \frac{f_2}{f_1}.$$

Hat das Objektiv die Brennweite 15 cm, die Zerstreuungs-
linse 5 cm, so ist $\dfrac{5}{15} = \frac{1}{3}$, das heißt ich werde bei einem Objektiv,
welches der Brennweite des Tele-Objektivs entspricht, den
Kameraauszug um ein Drittel der Brennweite länger erhalten.
Ganz genau stimmt dies nicht, gibt aber einen guten Anhalts-
punkt. Immer muß die Brennweite der Zerstreuungslinse kleiner
sein als die Objektivbrennweite.

Beispiel: Das Objektiv hat eine Brennweite von 15 cm,
die Zerstreuungslinse 6 cm. Wir wollen die Zerstreuungslinse

so stellen, daß die Brennweite 30 cm wird; es wird also ein Gegenstand in großer Entfernung doppelt so groß auf der Mattscheibe erscheinen als bei 15 cm Brennweite. Dann ergibt sich das Intervall aus der Formel $f = \dfrac{f_1 f_2}{J} = 30 = \dfrac{6 \times 15}{J},\ J = \dfrac{6 \times 15}{30} = 3$ cm. Das Intervall wird 3 cm betragen. Der Abstand der Linsen wird dann $15 + 3 - 6 = 12$ cm betragen. Es ist dann

$$D' = \frac{f_2^2}{J} = \frac{36}{3} = 12\ \text{cm}.$$

Es wird also die Mattscheibe um 12 cm rechts von f'_2 liegen, das heißt 6 cm rechts von der Zerstreuungslinse. Der Kameraauszug wird also 18 cm sein bei 30 cm Brennweite.

Einen ähnlichen Zweck wie das Tele-Objektiv verfolgen die Distar-Linsen. Diese sind auch Zerstreuungslinsen und werden scharf an das Objektiv gestellt, wodurch dessen Brechkraft verringert wird, da $\dfrac{1}{f} = \dfrac{1}{f_1} - \dfrac{1}{f_2}$; der Kameraauszug muß aber hier der vollen vergrößerten Brennweite entsprechen.

2. Tiefenschärfe photographischer Objektive

Wenn wir bei einer beliebigen Sammellinse die Bildkonstruktion durchführen, so nehmen wir immer an, daß Ding und Bild sich in einer achsensenkrechten Ebene befinden. Wir nehmen nun an, das Ding $a\,b$ sei zur Achse geneigt (Abb. 65). Wenn wir nun das Bild $a'\,b'$ nach den ge-

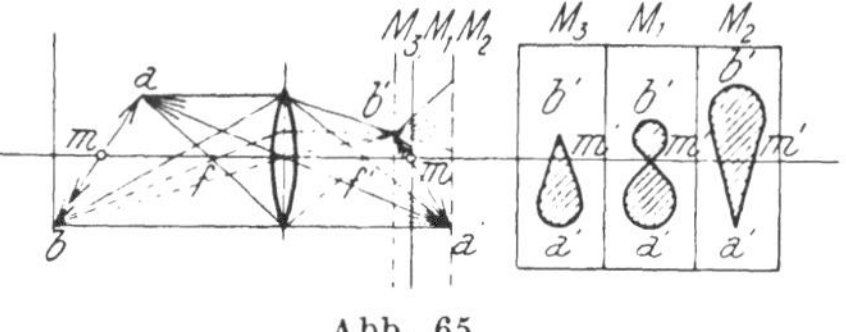

Abb. 65

wöhnlichen Regeln entwerfen, indem wir die Bilder der Endpunkte verbinden, so wird dieses ebenfalls zur Achse geneigt sein.

Dies ist solange belanglos, als wir das Bild nicht auf einem Projektionsschirme oder einer photographischen Platte auffangen. Diesen Schirm müssen wir notgedrungen senkrecht zur Achse stellen. Um zu finden, wie jetzt die Abbildung des Dinges auf diesem Schirme erfolgt, müssen wir die Lichtbüschel ziehen, welche von den einzelnen Dingpunkten ausgehen. Die bildseitigen und dingseitigen Büschel sind Kegel, welche die Fläche der Linse als Grundfläche, als Spitze auf der Dingseite die Dingpunkte, auf der Bildseite die zu den betreffenden Dingpunkten gehörigen Bildpunkte haben. Wenn ich nun annehme, daß mein Schirm an der Stelle des axialen Bildpunktes sich befindet (Abb. 65 M_1), so wird nur der axiale Bildkegel seine Spitze im Achspunkt des Schirmes haben. Die Endpunkte a und b des Dinges ergeben bildseitige Kegelspitzen vor (b') und hinter (a') dem Schirme. Es entsteht auf dem Schirme kein Punktbild, sondern der kreisförmige Schnitt des Kegels mit der Schirmebene, ein Lichtscheibchen. Denken wir uns das Ding b, als leuchtende Linie etwa den Faden einer Glühlampe, so wird nur der Achspunkt m als leuchtender Punkt m' abgebildet, die Endpunkte der Linie a und b als Lichtkreis $a'\,b'$. Das Bild der Linie wird erscheinen wie Abb. 65 M_1 zeigt. Stelle ich den Schirm in die Senkrechte zu a' (M_2) oder $b'M_3$, so bekomme ich entsprechend verschiedene Bilder.

Es ergibt sich daraus, daß ein räumliches Ding, welches Ausdehnung in der Richtung der optischen Achse hat, auf der Mattscheibe nicht in allen Punkten gleich scharf abgebildet werden kann. Praktisch erhalten wir aber scharfe Photographien von räumlichen Objekten; diese Schärfe ist ja so groß, daß wir z. B. das Filmbild 200fach linear vergrößern können, ohne daß die Unschärfe störend wird. Diese Eigenschaft der Objektive, räumliche Tiefe scharf zu zeichnen, nennt man die Tiefenschärfe oder Schärfe der Tiefe. Um zu erfahren, von welchen Umständen dieselbe abhängt, betrachten wir die Abbildung von axialen Punkten.

Wir bestimmen (Abb. 66) zum Achspunkte A das Bild A', dort befindet sich die Mattscheibe $M\,M$. A wird als scharfer Punkt abgebildet. Ein Achspunkt B wird sein scharfes Bild in B' haben. Wir zeichnen das bildseitige Büschel, dann werden die Strahlen über B' hinaus divergieren. Es entsteht auf der Mattscheibe ein Lichtscheibchen $U\,U'$, welches das Bild von B auf der Mattscheibe vorstellt. Die Größe dieses Lichtscheibchens ist ein Maß für die Unschärfe. Wir sehen sofort, daß dieses Scheibchen kleiner wird, wenn wir die freie Linsenfläche abblenden, weil dann das bildseitige Büschel schlanker wird. Es hängt also die Tiefenschärfe bei Objektiven gleicher Brennweite vom freien Objektivdurchmesser ab, also von dem Verhältnis $\left(\dfrac{D}{F}\right)$, das ist von der relativen Öffnung. Weiters wird das Lichtscheibchen immer kleiner, je näher B' an A' liegt. Wir können die Entfernung B von A, also das Stück $AB = r$ als Dingtiefe, $A'B' = r'$ als Bildtiefe bezeichnen.

Aus dem Gesetze $x\,x' = f^2$ geht hervor, daß bei gleicher Dingentfernung einer bestimmten Dingtiefe eine um so geringere Bildtiefe entspricht, je kleiner die Brennweite ist.

Wir sehen (Abb. 67 a, b) zwei Linsen gleicher relativer Öffnung; L_1 habe die Brennweite f_1, L_2 die Brennweite f_2; das Ding der

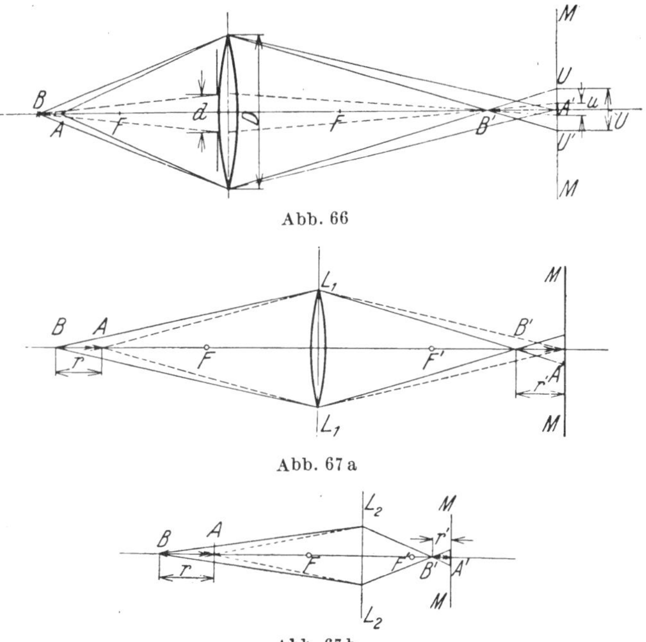

Abb. 66

Abb. 67 a

Abb. 67 b

Tiefenausdehnung r liegt in beiden Fällen gleich weit vom ersten Brennpunkt entfernt. Wäre $f_1 = 2 f_2$, so muß $x x' = f^2$ und $x' = \dfrac{f^2}{x}$ bei der größeren Brennweite viermal größer sein als bei der kleineren. Infolgedessen wird der Unschärfekreis bei kleinerer Brennweite kleiner.

Wie aus diesen Gesetzen hervorgeht, hängt die Tiefenschärfe nur von Öffnung und Brennweite ab. Von der Qualität des Objektivs ist sie niemals abhängig, eine unkorrigierte Linse hat dieselbe Tiefenschärfe wie ein Anastigmat derselben Öffnung und Brennweite. Eine Verbesserung der Tiefenschärfe durch Korrektion der Objektive ist unmöglich.

Da die Tiefenschärfe von der Öffnung abhängig ist, kann ich durch Verkleinerung der letzteren, durch Abblendung des Objektivs, die Tiefenschärfe vergrößern. Es ist dies ja klar, wenn man bedenkt, daß die bildseitigen Strahlenbüschel Kegel sind, welche die Objektivflächen als Basis haben, während die Spitze vor oder hinter der Mattscheibe liegt. Je schlanker dieser

Kegel ist, der die Mattscheibe durchstößt, desto kleiner ist der Unschärfekreis. Der Kegel wird aber immer schlanker je kleiner die Objektivfläche ist, je stärker ich diese abblende. Die Wirkung einer engen Blende vor dem Objektive haben wir schon behandelt. Ebenso wird durch eine feine Lochblende die Tiefenschärfe des

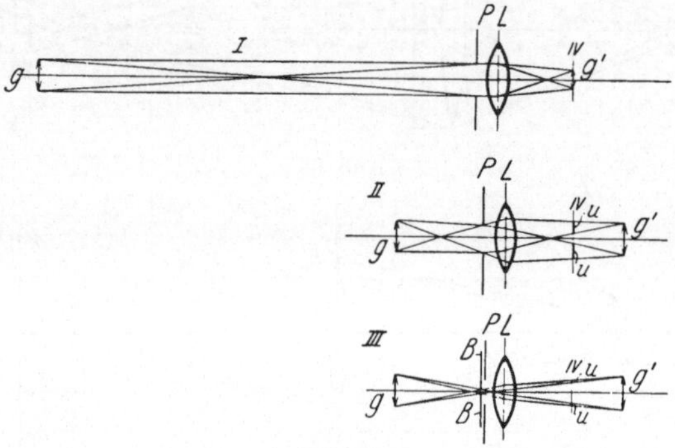

Abb. 68

Auges verbessert. In Abb. 68 sehen wir den Strahlengang im Auge; P ist die Pupille, L die Linse, N die Netzhaut. B eine Lochblende. g_1 das Ding, g' das Netzhautbild. In I ist g in deutlicher Sehweite. Die Spitzen der Lichtkegel treffen die Netzhaut. In II ist g sehr nahe dem Auge, das Bild, die Spitzen der Bildkegel, liegen hinter der Netzhaut. Die Unschärfekreise u, u auf der Netzhaut wird sehr groß, das Bild erscheint ganz unscharf. In III ist die Lage von g und g' dieselbe. Infolge der Lochblende B sind aber die Kegel sehr schlank, die Unschärfekreise $u\,u$ sehr klein, das Bild erscheint ziemlich scharf.

Wie schon ausgeführt kann nur eine einzige achsensenkrechte Ebene auf der Mattscheibe scharf abgebildet werden. Alle Bildpunkte, die vor oder hinter dieser Ebene liegen, werden auf der Mattscheibe als unscharfe Kreise erscheinen, welche um so größer sind, je weiter der Punkt von dieser Ebene entfernt ist. Man nennt diese Ebene, auf welche scharf eingestellt wird, die Einstellebene. Wenn nun ein räumliches Ding bestimmter Raumtiefe abgebildet werden soll, wobei die Schärfe im Bilde gleichmäßig ist, entsteht die Frage, wo ist die Einstellebene anzunehmen, damit diese Bedingung erfüllt wird. Würde man auf den der Kamera nächsten Punkt scharf einstellen, würde alles weiter Entfernte unscharf werden, beim Einstellen auf den fernsten Punkt würde alles Nähere unscharf werden. Nun könnte man auf die Mitte einstellen. Der Fehler wird bei nicht zu tiefen Objekten nicht sehr groß sein. Nimmt man aber gegen ein sehr entferntes Objekt und gegen ein nahes Objekt auf, so wäre die Mittelstellung immer noch für die Kamera so wie unendlich. Hier wüßte man nicht, auf welche Entfernung einzustellen ist. Es läßt sich aber die geeignetste Einstellebene leicht berechnen. A sei (Abb. 69) der

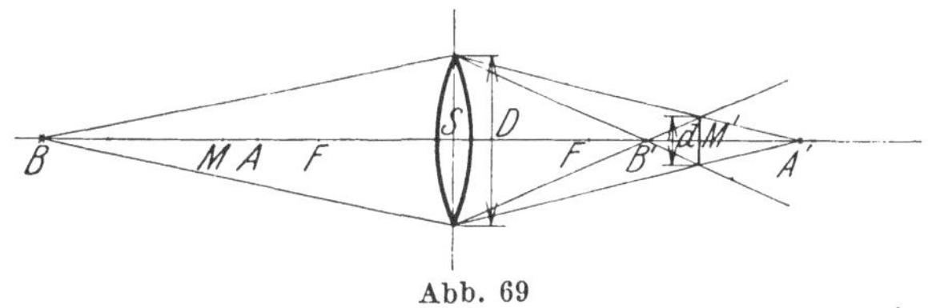

Abb. 69

linsennächste Punkt des Dinges, seine Entfernung $AS = a$, seine Bildentfernung $A'S = a'$, B der fernste Punkt, $BS = b$, $B'S = c'$. Zeichnen wir die bildseitigen Büschel, so muß in dem Schnittpunkte der äußersten Büschelstrahlen, also der engsten Einschnürung in M', die Mattscheibe stehen, dann werden die Unschärfen-Kreise A vom fernsten und nächsten Punkte gleich groß sein. Außerhalb der Ebene M' werden entweder die linsennahen oder linsenfernen Dingpunkte größere Unschärfe zeigen. Es ist also die der Mattscheibenstellung M' in der Entfernung $m' = MS$ entsprechende Ding oder Einstellebene zu ermitteln.

Es verhält sich:

$$\frac{M'A'}{SA'} = \frac{d}{D} \qquad \frac{B'M'}{SB'} = \frac{d}{D} \qquad \frac{M'A'}{SA'} = \frac{B'M'}{SB'} \quad \text{oder} \quad \frac{M'A'}{B'M'} = \frac{SA'}{SB'}$$

$$M'A' = SA' - SM' = a' - m'$$
$$B'M' = SM' - S'B' = m' - b' \qquad \frac{a' - m'}{m' - b'} = \frac{a'}{b'}$$

$$SA' = a' \qquad\qquad b'(a' - m') = a'(m' - b')$$
$$SB' = b' \qquad\qquad a'b' - b'm' = a'm' - a'b'$$
$$m'(a' + b') = 2\,a'b'$$
$$m' = \frac{2\,a'b'}{a' + b'}$$

$$\frac{1}{m'} = \frac{1}{2\,b'} + \frac{1}{2\,a'}$$

nun gilt allgemein Gl. (14)

$$\frac{f}{a} + \frac{f}{a'} = 1, \qquad \frac{f}{b} + \frac{f}{b'} = 1 \qquad \frac{f}{m} + \frac{f}{m'} = 1$$

$$\frac{1}{a} + \frac{1}{a'} = \frac{1}{f}$$

$$\text{oder} \quad \frac{1}{a'} = \frac{1}{f} - \frac{1}{a} \qquad \text{eben} \quad \frac{1}{b'} = \frac{1}{f} - \frac{1}{b} \qquad \frac{1}{m'} = \frac{1}{f} - \frac{1}{m}$$

$$\text{daher} \quad \frac{1}{f} - \frac{1}{m} = \frac{1}{2f} - \frac{1}{2b} + \frac{1}{2f} - \frac{1}{2a} = \frac{1}{f} - \frac{1}{2a} - \frac{1}{2b}$$

$$\frac{1}{m} = \frac{1}{2a} + \frac{1}{2b} = \frac{a+b}{2ab}$$

$$m = \frac{2ab}{a+b} \tag{22}$$

Wäre z. B. der weiteste Gegenstand $b = 10$ m, der nächste $a = 1$ m, so wäre

$$m = \frac{2 \cdot 10 \cdot 1}{10 + 1} = \frac{20}{11} = 1{,}82 \text{ m.}$$

Wäre der weiteste Gegenstand in ∞ Entfernung, der nächste in 1 m, so wäre

$$m = \frac{2 \cdot \infty \cdot 1}{1 + \infty} = \frac{2}{\dfrac{1}{\infty} + 1} = 2 \text{ m} \left(\text{d a } \frac{1}{\infty} = 0 \right).$$

Bei der Kinoaufnahme erfolgt meist Einstellung auf der Mattscheibe oder dem Film. Die Beurteilung der Verteilung der Schärfe ist dann Sache des Auges. Es wird hier durchaus nicht das Ideal sein, die günstigste Einstellung nach der Formel zu wählen. Die Tiefenschärfenformel und die vielfach benützten Tabellen kommen mehr für technische Aufnahmen in Frage, bei welchen Erkennbarkeit von Details wichtig ist. Die künstlerische Aufnahme wird ganz andere Verteilungen der Schärfe verlangen. Das menschliche Auge sieht ja auch in einem bestimmten Momente nur in einer bestimmten Entfernung scharf, alles andere unscharf. Nur die blitzartig sich ändernde Akkommodation erweckt den Eindruck, daß man die Tiefe scharf wahrnimmt. In einem impressionistisch wirkenden Bild wird immer nur das Fixierte scharf, alles andere unscharf erscheinen müssen. Die Kinoaufnahme verlegt die volle Schärfe meist auf die spielende Hauptperson. Es ist sicher, daß durch Abstufung von Schärfe im Vordergrund gegen Unschärfe in der Tiefe eine gewisse Räumlichkeit und Plastik in das Bild kommt. Schließlich ist noch ein Umstand zu berücksichtigen; benützt man ein sehr scharfzeichnendes Objektiv, so werden sich bei tiefen Gegenständen Unterschiede in der Schärfe kaum vermeiden lassen. Ist nämlich ein Teil des Bildes geschnitten scharf, so ist das Auge für jede geringste Unschärfe sehr empfindlich. Dagegen ist das Unterscheidungsvermögen des Auges für größere oder kleinere Unschärfe sehr gering. Man wird daher mit einem weich zeichnenden Objektiv, welches überhaupt geschnittene Schärfe nicht gibt, Bilder von scheinbar gleichmäßiger Schärfe viel leichter erhalten.

3. Die photographische Perspektive

Wenn wir das Zustandekommen eines perspektivischen Bildes und einer Photographie betrachten, so sehen wir, daß beide Methoden identisch sind.

Wir müssen daraus schließen, daß jede Photographie eine absolut richtige Perspektive hat.

Es muß also bei Betrachtung einer Photographie alles den Eindruck der richtigen Größenverhältnisse machen. Wir wissen aus der Praxis, daß dies durchaus nicht immer der Fall ist. Wir haben zwar große Übung im Betrachten von Photos und Bildern, so daß wir durch Anwendung der Erfahrung die richtige Größe beurteilen können, aber den richtigen relativen Größeneindruck macht eine Photographie fast nie.

Der Grund hierfür ist folgender: Nehmen wir an, wir blicken auf ein Ding in großer Entfernung und machen davon eine Aufnahme. Beim Hinblicken auf den Gegenstand werden wir denselben unter einem bestimmten Winkel sehen, das Auge wird hierbei entspannt, das heißt auf ∞ Entfernung akkommodiert sein.

Das Objektiv „sieht" den Gegenstand unter demselben Winkel und bildet ihn in der Brennweitenentfernung, Durchstoß der Hauptstrahlen durch die Brennebene, ab.

Wenn ich nun den Gegenstand auf der Photographie in natürlicher Größe sehen will, muß der Winkel der Sehstrahlen derselbe sein wie bei Betrachtung des Dinges und das Auge muß entspannt sein, denn der Winkel gibt die Größe des Netzhautbildes, die Akkommodation bewirkt unterbewußt die richtige Schätzung der Entfernung. Um die letztere Bedingung zu erfüllen, müßte ich die Photographie mindestens in deutlicher Sehweite, besser aber sehr weit, mehrere Meter, vom Auge weghalten, dann wird aber der Sehwinkel sehr klein. Soll ich den richtigen Sehwinkel erhalten, so muß das Auge an dieselbe Stelle kommen, an welcher bei der Aufnahme das Objektiv war, das ist somit 10 bis 15 cm oder auch weniger. In dieser Entfernung kann ich das Bild kaum mehr deutlich sehen, jedenfalls aber mit angestrengter Nah-Akkommodation. Es gibt nur ein Mittel, das Bild richtig zu betrachten. Das ist, indem man es durch das Aufnahmeobjektiv oder durch eine Lupe gleicher Brennweite betrachtet. Dann treten die Strahlenbüschel // aus, das Auge ist entspannt, der Sehwinkel ist derselbe wie bei der Aufnahme. Man nennt solche Linsen zur Bildbetrachtung Verantlinsen (verum [lateinisch] = wahr, richtig). Die häufig gehörte Meinung, daß Photographien perspektivisch verzeichnet seien, kommt daher, daß oft Bilder aus sehr kurzer Distanz gemacht werden, die dann bei Betrachtung in deutlicher Sehweite eine übertriebene Tiefenwirkung zeigen. Diese Verzeichnung besteht aber nur wegen der falschen Betrachtungsdistanz. Sieht man ein solches Bild durch das Aufnahmeobjektiv an, so verschwindet die Verzerrung sofort. Dasselbe gilt von Weitwinkelaufnahmen, welche einen viel größeren Bildwinkel auszeichnen als das Auge umfaßt. Auch diese müssen durch das Aufnahmeobjektiv betrachtet werden. Betrachtet man ein solches Bild in normaler Sehweite, so überblickt das Auge einen Raum von so großer Breiteausdehnung, den es in Wirklichkeit bei ruhiger Betrachtung nie zugleich sehen könnte, vielmehr müßte sich zu diesem Zwecke das Auge nach rechts und links drehen. Es entsteht dadurch ein vollkommen unnatürlicher Eindruck, der hier so weit gehen kann, daß man das Ding kaum identifizieren kann. Betrachtet man die Aufnahme durch das Aufnahmeobjektiv oder durch eine Linse gleicher Brennweite, so treten auch hier sofort die richtigen Verhältnisse ein, das Auge ist entspannt, der Sehwinkel derselbe wie bei der Aufnahme. Es wird aber das Auge in diesem Falle nicht das ganze Bild auf einmal sehen, sondern in einem Ausschnitt, der eben dem größten Sehwinkel des Auges entspricht. Will man das ganze Bild überblicken, so muß man auch hier das Auge rechts und links drehen, es kommt also ein natürlicher Eindruck zustande.

4. Die Helligkeit der photographischen Bilder

Wir haben eingangs (Gl. 3) das Gesetz gefunden $St = \dfrac{J}{r^2}\, f$, das heißt der Lichtstrom, der eine Fläche trifft, ist gleich der Intensität der Lichtquelle in der Richtung senkrecht zur Fläche mal der Fläche in Quadratmetern, dividiert durch das Quadrat der Entfernung der Fläche von der Lichtquelle in Metern.

Wir stellen uns nun vor einer Sammellinse eine Lichtquelle, etwa eine Kerze, in der Entfernung D vor, dann wird das reelle Bild in der Entfernung d hinter der Linse entstehen. Ist G die Größe der Flamme, g die Größe des Bildes, so ist

$$\frac{G}{g} = \frac{D^2}{d^2} \text{ oder } \frac{G}{D^2} = \frac{g}{d^2}.$$

Die Lichtintensität der Kerze ist iG, wenn i die Flächenhelle ist. Ebenso ist die Lichtintensität des Bildes $i'\,g$, wobei i' die Flächenhelligkeit ist. Ist F die Fläche der Linse, so ist der Lichtstrom, der die Linse trifft, $\dfrac{iG}{D^2}\,F$. Dieser Lichtstrom wird von der Linse auf das Bild abgelenkt. Es gilt daher dasselbe Gesetz für die rechte Seite der Linse, wenn wir die Lichtrichtung umgekehrt denken, so daß die Linsenfläche vom Bilde beleuchtet wird; die Lichtstärke ist hier $\dfrac{i' g}{d^2} F$. Wenn wir die Linse ohne Verlust annehmen, so werden die Lichtströme einander gleich sein $i \cdot F \dfrac{G}{D^2} = i' F \dfrac{g}{d^2}$, nun ist $\dfrac{G}{D^2} = \dfrac{g}{d^2}$, daher $i = i'$, das heißt die Flächenhelligkeit des Bildes ist gleich der Flächenhelligkeit des Dinges. Das ergibt sich auch daraus, daß, wenn ich das Auge bildseitig in den Lichtstrahlengang halte, ich durch die Linse direkt das Ding erblicke, natürlich in derselben Helle, in der es strahlt. Da aber durch die Linse immer etwas Licht verloren geht, durch Reflexion und Brechung, wird die Helligkeit etwas geringer sein. **Man kann also durch eine optische Einrichtung nie von einer Lichtquelle ein helleres Bild erhalten als die Lichtquelle selbst ist.** Wird aber das Bild auf einem Schirme aufgefangen, so sinkt die Helligkeit bedeutend.

Es ist dann der Lichtstrom umzurechnen auf die Beleuchtungsstärke auf der photographischen Platte $St = E \cdot g$ (Gl. 2)

$$i G \frac{F}{D^2} = E \cdot g \qquad\qquad E = i \frac{G}{g} \frac{F}{D^2}$$

$$E = \frac{i G}{g} \frac{F}{D^2}; \text{ wir multiplizieren nun mit } \frac{d^2}{d^2} = 1$$

$$E = i \frac{G}{g} \frac{F}{d^2} \frac{d^2}{D^2}, \text{ da } \frac{G}{g} \cdot \frac{d^2}{D^2} = 1, \; E = i \frac{F}{d^2}.$$

Ist die Entfernung unendlich, so ist $d = f$ und die Beleuchtungsstärke auf der Platte

$$E = i \frac{F}{f^2} = i \frac{d^2 \pi}{4 \cdot f^2}, \text{ da } \frac{d^2}{f^2} = O^2 \text{ (relative Öffnung)}$$

$$E = \frac{\pi}{4} i O^2.$$

C. Die Sucher

Der Sucher hat den Zweck, bei photographischen Aufnahmen zu bestimmen, welches Gesichtsfeld durch das Objektiv auf der Platte abgebildet wird. Je nach dem verwendeten optischen System unterscheiden wir folgende Arten:

1. Der einfache Diopter

Dieser ist die einfachste Methode. Die Wirkungsweise wird sofort klar, wenn wir uns die anfangs behandelte Entstehung eines perspektivischen Bildes vor Augen rufen. Wir zwingen hierbei alle wirksamen Dingstrahlen (Abb. 70 a, b) durch eine enge Öffnung O zu gehen, dann ergeben die Durchstoßpunkte dieser

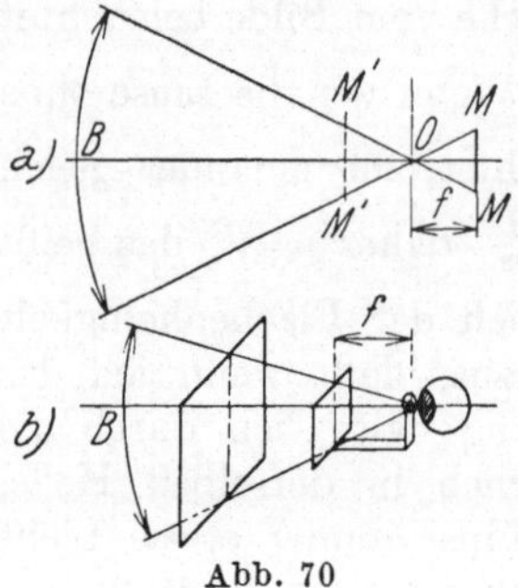

Strahlen durch die Bild- oder Zeichenebene M das Bild des Dinges. Denken wir uns die durchsichtige Zeichenebene durch einen Rahmen oder Maske begrenzt, so wird aus dem Horizont ein bestimmtes Gesichtsfeld herausgeschnitten. Stellen wir uns nun Objektiv und Mattscheibe M vor, so ist das abgebildete Gesichtsfeld durch die Hauptstrahlen begrenzt, welche von den Enden der Mattscheibe zur Objektivmitte gezogen werden.

Denken wir uns eine Maske von der Größe der Mattscheibe auf der Dingseite des Objektivs in M', so erhalten wir beim Visieren durch den Objektivmittelpunkt in der Maske dasselbe Bildfeld wie auf der Mattscheibe. Man braucht deshalb nur außen an der Kamera eine Maske von der Größe der Mattscheibe anzubringen und dahinter in der Brennweitenentfernung des Objektivs in der optischen Mitte der Maske eine Lochblende (Abb. 70 b), so wird das an die Lochblende gestellte Auge dasselbe Gesichtsfeld durch die Maske begrenzt sehen wie das Objektiv an der Mattscheibe auszeichnet. Man kann natürlich Größe des Rahmens und Entfernung der Lochblende proportional verkleinern oder vergrößern, das Gesichtsfeld bleibt dasselbe. Ein solcher Rahmen mit Lochblende heißt Diopter. Genau stimmt das Gesichtsfeld nur dann, wenn die Lochblende genau dieselbe Entfernung vom Rahmen hat wie das Objektiv von der Mattscheibe.

2. Der Newton-Sucher

Dieser besteht aus einer kurzbrennweitigen Zerstreuungslinse, welche meist viereckig im Format der Mattscheibe gehalten ist und den Mittelpunkt als Schnittpunkt zweier Diagonalen markiert hat. In der Entfernung einiger Zentimeter befindet sich eine Visur V (Abb. 71), so daß das Auge genau in die optische Achse der Linse gebracht werden kann. Es liegt dann Augenpupille, Visur und Schnittpunkt der auf der Sucherlinse gezogenen Diagonalen in einer Geraden. Das Auge steht in deutlicher Sehweite vom Scheinbilde der Linse entfernt.

Die aus unendlicher Entfernung kommenden Parallelstrahlenbüschel werden so gebrochen, als ob sie von der vorderen Brennebene F kämen (diese ist hier hinter der Linse). Das in deutlicher Sehweite gegen die Linse blickende Auge sieht ein verkleinertes aufrechtes Bild des Gegenstandes.

Der Rand der Sucherlinse ist die Gesichtsfeldblende. Zieht man vom Pupillen- (hier auch Eintrittspupille) Mittelpunkte P zum Sucherrande So und Su eine Gerade, so trifft diese die erste Brennebene FF in 1' bzw. 2'.

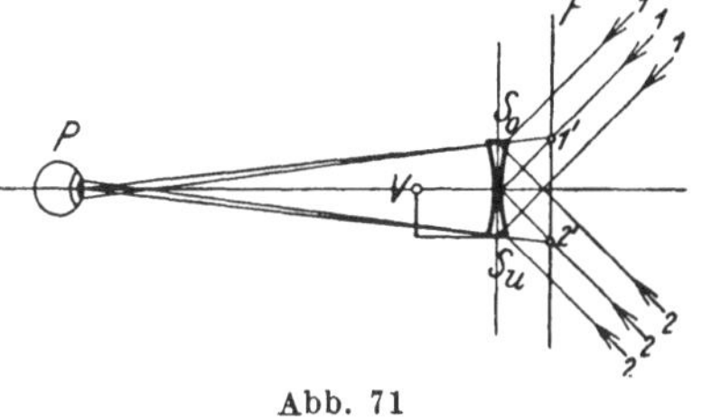

Abb. 71

Von den Bildbüscheln, welche ihre Spitze in 1' und 2' haben, gelangen also noch Lichtstrahlen ins Auge. Den Punkten 1' und 2' entsprechen die unendlich fernen Dingpunkte 1 und 2, diese geben also die Grenzen des Gesichtsfeldes. Dieses muß mit dem Bilde auf die Mattscheibe übereinstimmen. Wird der Sucher So, Su kleiner, so auch das Gesichtsfeld.

3. Watson-Sucher

Dieser besteht (Abb. 72) aus einer kurzbrennweitigen Sammellinse mit einer in der Brennebene angebrachten Blende, welche dieselbe Form hat wie die Mattscheibe. Wenn die Entfernung des Auges von der Linse mindestens gleich der Brennweite mehr der deutlichen Sehweite ist (auf Abb. 72 soll das Auge weiter nach links rücken), erblickt das Auge ein verkleinertes, verkehrtes Bild des Gegenstandes. Das ∞ entfernte Ding entwirft ein Luftbild in der Brennebene, an dieser Stelle muß sich die Blende befinden, welche die Strahlen äußerster Neigung 1, 2

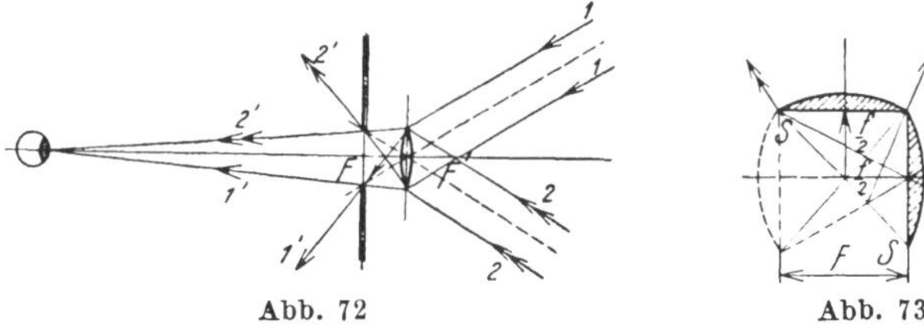

Abb. 72   Abb. 73

noch vorbei läßt, stärker geneigte nicht. Vielfach ist die Ausführung dieser Sucher derart, daß zwei Linsen kurzer Brennweite angeordnet sind. Die erste steht vertikal, die zweite horizontal, die Strahlen der ersten werden durch einen Spiegel SS unter 45^0 senkrecht auf die zweite geworfen und treten parallel aus (Abb. 73). Man erblickt dann das Sucherfeld von oben her. Der

Rand des Spiegels ist dann gleichzeitig die Blende, die das Gesichtsfeld entsprechend dem Aufnahmeobjektiv begrenzt.

Bei den Kinokameras, welche ja meist Objektive kurzer Brennweite besitzen, trifft man auf folgende Anordnung. Es ist eine einfache Linse oder ein Achromat derselben Brennweite seitlich der Kamera angebracht, welcher ein Bild auf eine Mattscheibe von Filmgröße entwirft, welches durch eine Lupe betrachtet wird.

Sind Objektive verschiedener Brennweite an der Kamera vorhanden, so müssen ebenso viele auswechselbare Sucherlinsen vorhanden sein. Soll das Bildfeld für jede Entfernung richtig sein, so muß eine der Ovjektivverstellung entsprechende Verstellung der Sucherlinse möglich sein.

D. Projektionsobjektive

Die Bildprojektion entspricht vollkommen der Photographie, mit dem Unterschiede, daß hier ein kleines Bild vergrößert auf einen Schirm geworfen wird. Aus diesem Grund entsprechen die Projektionsobjektive den photographischen Objektiven in der Wirkungsweise vollkommen. Bezüglich der Korrektur sind die Anforderungen etwas verschieden. Die relative Öffnung ist hier meist sehr groß. Die Bildvergrößerung bestimmt sich ebenso wie beim photographischen Objektiv. Da die Projektionsdistanz meist groß im Verhältnis zur Brennweite des Objektivs ist, so steht das Diapositiv, welches hier dem Ding entspricht, nahezu in der Brennebene und es ist die Vergrößerung $V = \dfrac{f}{D}$. Es ist also die Vergrößerung gleich dem Verhältnis Schirmdistanz zur Brennweite.

Die Bildprojektion ergibt normalerweise vergrößerte verkehrte Bilder, da ja die Sammellinsen wirkliche verkehrte Bilder entwerfen. Es bietet aber keine Schwierigkeit, das Bild aufrecht zu projizieren. Einmal kann man dies durch Spiegel erzielen, wie dies früher bereits beim Winkelspiegel auseinandergesetzt wurde; wie Abb. 74 zeigt, muß aber dann das Bild in entgegengesetzter Richtung gespielt werden als der Projektor steht. Man kann aber denselben Effekt auch durch eine Linsenkombination erzielen. Wird ein Film aufrecht projiziert, so muß das zeitliche Ende am Beginn stehen, der Vorgang wird sich also auf dem Schirme zeitlich verkehrt abspielen. Wir müssen zu diesem Zwecke die Anordnung so treffen wie beim Mikroskop, nur mit dem Unterschiede, daß wir das Okular so stellen, daß das vom Objektiv entworfene Luftbild vor den ersten Brennpunkt des Okulars fällt. Wie die Abb. 75 zeigt, entsteht durch das erste Objektiv $O_1 O_1$ ein verkehrtes Bild $a' b'$ außerhalb der rückwärtigen Brennweite.

Von diesem Luftbild wird durch das zweite Objektiv $O_2 O_2$ ein verkehrtes und vergrößertes wirkliches Bild $a'' b''$ entworfen;

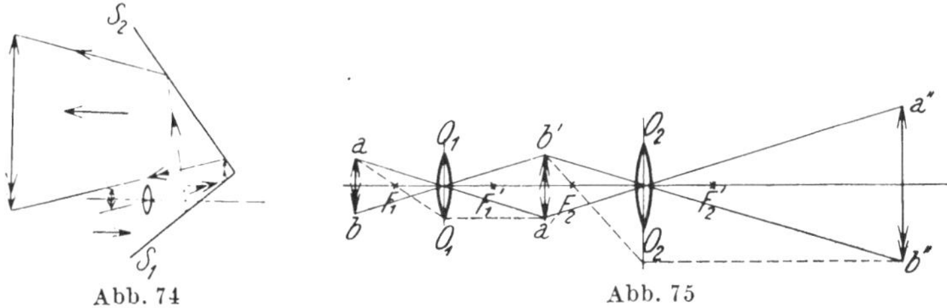

Abb. 74   Abb. 75

wegen der zweimaligen Umkehrung erscheint das Bild aufrecht. Nehmen wir an, das erste Objektiv hätte die Brennweite 8 cm, das zweite 12 cm; wir wollen die Anordnung so treffen, daß die Projektionsbrennweite 10 cm sei. Es ist dann

$$f = \frac{f_1 f_2}{J} = \frac{12 \cdot 8}{J} = 10 \qquad J = \frac{96}{10} = 9,6 \text{ cm.}$$

Die Entfernung der beiden Objektive ist $f_1 + J + f_2 = 8 + 9,6 + 12 = 29,6$ cm. Stellen wir das 8-cm-Objektiv voran, so ist

$$D = \frac{f_1^2}{J} = \frac{64}{9,6} = 6,7 \text{ cm,}$$

das heißt, der vordere Brennpunkt liegt um 6,7 cm links von F_1, also um $8 + 6,7 = 14,7$ vor dem ersten Objektiv. Ungefähr ebensoweit als diese Entfernung wird das Filmbild stehen müssen.

Man hat es bei dieser Anordnung in der Hand, die Brennweite durch Veränderung von J beliebig zu variieren, wie wir es schon beim Mikroskop gesehen haben.

E. Linsenkondensoren

Das Wort kommt vom Lateinischen condensare, verdichten. Sie dienen dazu, das von einer Lichtquelle kommende Licht nach einer bestimmten Richtung zu sammeln. Es sind also wirkliche Sammellinsen. Von einer punktförmigen Lichtquelle strahlt das Licht gleichmäßig in alle Richtungen des Raumes. Jener Teil der Strahlen, welcher die Sammellinse trifft, wird zu einem Bilde der Lichtquelle vereinigt. In dem Strahlenkegel sind also hinter der Linse die Lichtstrahlen dichter beisammen, als sie es ohne Linse waren. An der Vereinigungsstelle der Strahlen im Bilde der Lichtquelle ist die Helligkeit sehr groß. Es kann also jede einfache Sammellinse als Kondensor dienen, wobei die Lichtquelle außerhalb der Brennweite stehen muß. Je mehr Strahlen der Kondensor von der Lichtquelle empfängt, desto heller wird das Bild derselben sein. Diese Menge der Strahlen ist proportional dem Winkel des auf die Linse auffallenden Lichtkegels. Dieser Winkel wird um so größer sein, je näher die Lichtquelle dem Kondensor steht; damit aber hinter dem Kondensor ein konvergierendes Strahlenbüschel entsteht, muß sich die Lichtquelle außerhalb der Brennweite des Kondensors befinden; es muß also, um starke lichtsammelnde Wirkung zu erzielen, die Brennweite des Kondensors klein, der Durchmesser groß, oder mit anderen Worten, die relative Öffnung groß sein.

Je günstiger also das Verhältnis $\frac{d}{f}$, welches wir als relative Öffnung bezeichnet haben, ist, desto besser wird die lichtsammelnde Wirkung des Kondensors sein, und zwar wächst die Wirkung, wie schon gezeigt wurde, mit dem Quadrate der relativen Öffnung. Man wird also trachten, dem Kondensor möglichst kurze Brennweite und großen Durchmesser zu geben. Nehmen wir eine einzige Sammellinse, so wird diese zu dick und es ist bei der Annäherung an die sehr heiße Lichtquelle die Gefahr des Springens gegeben. Man nimmt daher meist 2 Plankonvexlinsen, welche, mit der planen Seite nach außen, nah aneinandergestellt in einer Fassung vereinigt werden. Die Brennweite ist dann ungefähr die halbe der Einzellinse, die relative Öffnung ungefähr doppelt so groß. Wesentliche Vorteile bieten die Dreifach- oder Tripelkondensoren. Es sind dies normale Doppelkondensoren, welchen ein Meniskus, mit der hohlen Seite gegen die Lichtquelle, vorangestellt wird. Der Vorteil, vor die Lichtquelle unmittelbar einen Meniskus mit der konkaven Fläche zu stellen, ist darin begründet, daß die Lichtstrahlen die hohle Kugelfläche unter kleinerem Einfallswinkel treffen als eine ebene Fläche; dadurch werden die Reflexionsverluste und auch die sphärische Aberration gemildert.

V. Von den Linsenfehlern und ihrer Behebung

A. Die Linsenfehler

1. Sphärische Abweichung

Wir haben jetzt die Bildentstehung unter der Voraussetzung abgeleitet, daß ein von einem Punkt ausgehendes Strahlenbüschel durch eine Linse wieder zu einem Punkte vereinigt wird. Das heißt, daß sich alle Strahlen nach der Brechung wieder in einem Punkte schneiden. Wir haben aber gleich im Anfange gesehen, daß bei brechenden Kugelflächen die Vereinigung der Mittel-

und Randstrahlen nie in einem Punkte stattfinden kann. Um nun zu betrachten, wie dieser Fehler sich äußert, ist es sehr zweckmäßig, einige Versuche selbst anzustellen.

Zu diesem Zwecke nimmt man am besten eine einfache unkorrigierte Linse, etwa eine Plankonvexlinse, aus einem Kondensor. Um einen möglichst kleinen leuchtenden Punkt zu erhalten, bohren wir in eine größere Blechplatte ein kleines kreisrundes Loch, etwa ½ bis 1 mm Durchmesser. Vor diesem befestigen wir ein kleines Stück Mattglas und stellen dasselbe möglichst nahe an eine Bogenlampe oder starke Glühlampe. Die Linse befestigen wir an einem verschiebbaren Halter und stellen dieselbe so, daß die Linie zwischen Lichtpunkt und Linsenmitte senkrecht auf der Linse steht. Wir werden dann an irgendeiner Stelle ein Bild des Punktes erhalten, welches nicht besonders scharf ist. Wir bedecken nun die Linse mit einem Karton, welcher in der Mitte der Linse ein kreisrundes Loch von zirka 1 cm Durchmesser hat. Also eine Kreisblende. Es wird nun das Bild des Punktes viel schärfer werden. Wir schneiden nun in denselben Karton in einem Kreise zirka 2 cm vom Rande entfernt eine Zahl von kleinen Kreisblenden und decken das mittlere Loch zu, so daß das Licht nur durch die Randblenden durchtreten kann. Wir suchen nun, wo wir das Bild des Punktes finden. Um dieses Bild genau zu finden, wenden wir folgenden Kunstgriff an: Wir zeichnen uns auf dem Auffangschirm einen Kreis von zirka 2 cm Halbmesser. Wenn wir den Schirm bewegen, so sehen wir das Bild jeder Kreisblende für sich; je näher wir der eigentlichen Bildpunktstelle kommen, desto mehr laufen die Einzelkreise zusammen, bis sie sich alle im Bildpunkt selbst vereinigen. Schiebt man den Karton noch weiter, so trennen sich die Kreise wieder.

Wir stellen nun den Schirm so, daß der gezeichnete Kreis die kleinen Bildkreise alle halbiert und bezeichnen die Stelle des Schirmes genau. Wir rücken dann den Schirm weiter, über den Bildpunkt hinaus, bis die 6 Bilder wieder durch den Kreis halbiert werden, und markieren die Stelle wieder. Der richtige Bildpunkt befindet sich dann genau in der Mitte zwischen den beiden gemessenen Schirmstellen.

Wenn wir auf diese Weise das Bild des Punktes, wie es durch die Randblenden entworfen wird, bestimmen, so sehen wir einerseits, daß es nicht so scharf ist wie das Bild bei der Mittelblende und daß es weiters auch nicht an derselben Stelle liegt wie das erstere, sondern näher zur Linse. Dieser Versuch zeigt also, daß die Randstrahlen das Bild an einer anderen Stelle geben als die Mittelstrahlen, und da das Randbild näher an der Linse ist als das Mittelbild, so heißt dies, die Randstrahlen werden relativ stärker gebrochen als die Mittelstrahlen (Abb. 76). Wir nennen eine solche Sammellinse randkurz. Ebenso verhält sich, wie schon erwähnt, ein sphärischer Hohlspiegel (Abb. 25 a). Wenn wir zu diesem Versuch Sonnenstrahlen verwenden, welche parallel sind, so wird der Vereinigungspunkt der Strahlen, der Brennpunkt, durch die Randstrahlen näher zur Linse entstehen als der Mittelstrahlen. Man nennt diesen Fehler sphärische

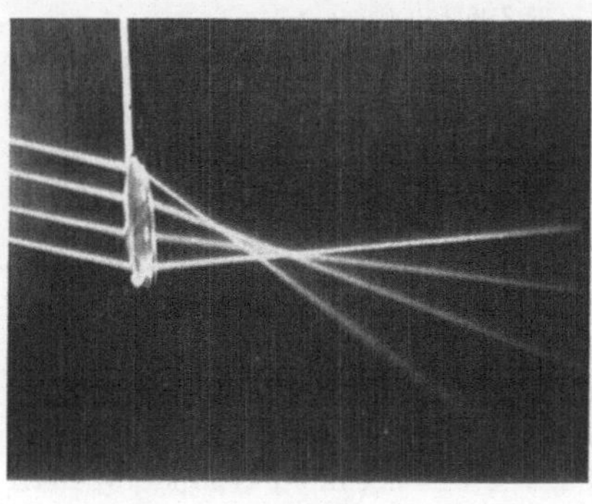

Abb. 76

Aberration oder Abweichung (Sphaira [griechisch] = Kugel; aberrare [lateinisch] = abweichen) oder auch Fehler wegen der Kugelgestalt. Seine Folge ist Unschärfe des Bildes, da die verschiedenen Teile der Linse das scharfe Bild in verschiedener Entfernung ergeben. Würde man auf das scharfe Bild der Mittelstrahlen einstellen, so wird dieses durch das an diesem Punkt unscharfe Bild der Randstrahlen überdeckt, und umgekehrt. Meist stellt man in der Mitte zwischen beiden scharfen Bildpunkten ein, erhält also eine mittlere Bildschärfe. Wenn wir die Strahlen aufzeichnen wie sie die Linse verlassen, so sehen wir, daß sie keinen Kegel mit einer Spitze bilden, sondern daß die Spitze abgeflacht ist und nur einen

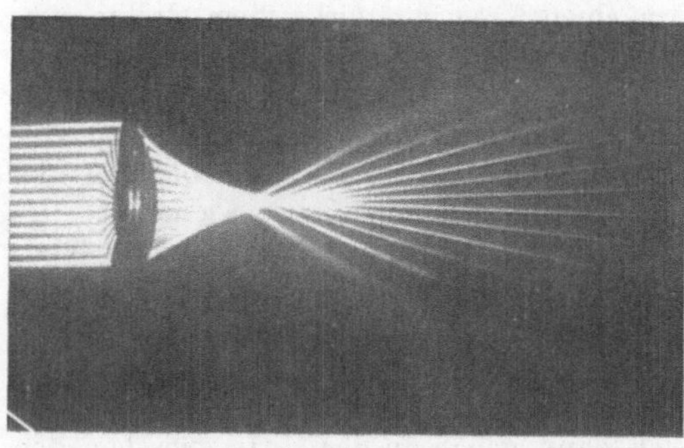

Abb. 77

engsten Querschnitt hat, der das Bild darstellt. Das Lichtstrahlenbüschel ist kein Kegel, sondern ein Konoid. Im Dunkeln kann man diese Figur leicht in Luftstäubchen sehen (Abb. 77).

Ebenso wie die Sammellinse, zeigt auch die Zerstreuungslinse sphärische Abweichungen. Wenn parallele Lichtstrahlen auffallen, wird der Randstrahl nach der Brechung von einem Punkte herzukommen scheinen, der näher der Linse liegt, der Mittelstrahl von einem fernen Punkt. Während also bei den Sammellinsen die Randstrahlen ein gebrochenes Büschel geben, welches relativ stärker zur Achse geneigt ist, ergeben bei der Zerstreuungslinse die Randstrahlen ein Büschel, welches relativ stärker von der Achse abgelenkt ist (Abb. 78).

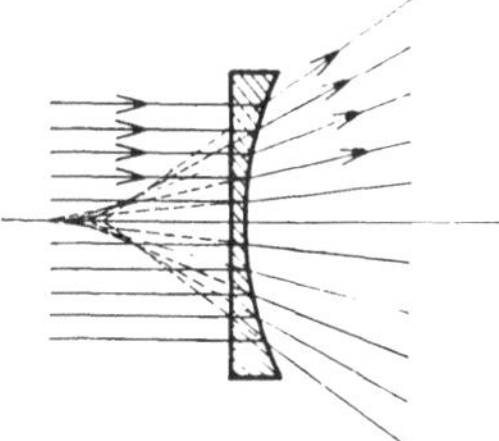

Abb. 78

2. Aplanatismus

Wenn wir nun annehmen, es sei gelungen, eine Linse so herzustellen, daß tatsächlich alle achsparallelen Strahlen nach einem Punkte gebrochen werden, dann braucht die Abbildung eines ausgedehnten Gegenstandes noch immer nicht scharf zu erscheinen. Wie wir früher gesehen haben, ist die Brennweite jedes Büschels vom Brennpunkt bis zum Knickpunkt der parallelen Strahlen zu rechnen. Dieser letztere liegt in der zweiten Hauptebene. Wenn wir nun die einzelnen Brennweiten ausmessen, so sehen wir, daß bei dem Mittelbüschel die Brennweite kleiner ist als beim Randbüschel. Es hat also jedes Büschel eine andere Brennweite. Gegen den Rand zu wird dieselbe immer größer. Von der Brennweite hängt aber die Vergrößerung ab. Die Formel lautet: $V = \dfrac{x}{f}$ (Gl. 13); da f bei den Randbüscheln einen größeren Wert hat, wird auch bei gleicher Stellung des Dinges die Vergrößerung des Bildes durch die Randbüschel der Linse eine kleinere sein. Es werden also verschieden vergrößerte Bilder eines Dinges entstehen, die sich alle übereinanderlagern, und die Folge wird eine unscharfe Abbildung sein. Man muß also verlangen, daß außer der Behebung der sphärischen Abweichung auch die Brennweiten von der Mitte zum Rande gleich bleiben. Dies ist nur möglich (Abb. 79), wenn die Hauptebene H_2 keine Ebene

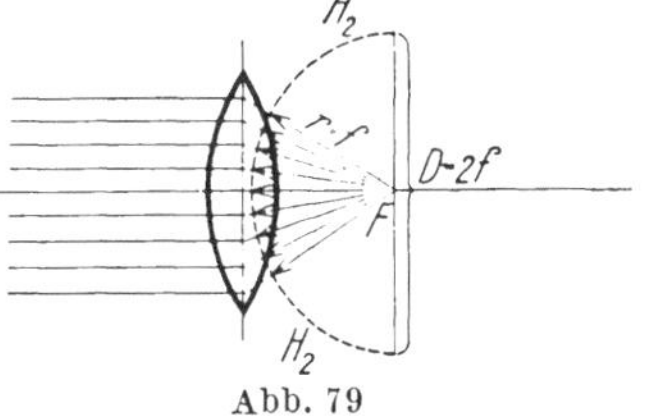

Abb. 79

ist, sondern nach dem gezogenen Kreisbogen kugelig gekrümmt ist, wobei der Mittelpunkt der Kugel im Brennpunkt liegt. Man nennt eine derart korrigierte Linse aplanatisch. Der Fehler wird um so bedenklicher, je größer das relative Öffnungsverhältnis der Linse wird. Für photographische und Projektionsobjektive werden einfache Linsen großer Öffnung nicht verwendet, so daß der Fehler wenig in Erscheinung tritt. Meist ist er mit den anderen Fehlern behoben. Von größter Wichtigkeit jedoch ist seine Behebung bei den Objektiven sehr großer Öffnung über das Verhältnis $f:1$ hinaus, wie bei den Mikroskopobjektiven. Wie man aus Abb. 79 sieht, kann bei Korrektion dieses Fehlers, der Durchmesser der Linse nicht größer werden als $2f$. Es ist als für korrigierte optische Linsensysteme das größtmögliche Öffnungsverhältnis $f:\frac{1}{2}$.

3. Astigmatismus und Koma

Bis jetzt haben wir nur solche Punkte betrachtet, welche auf der Achse liegen. Der Strahlengang ist dann rings um die optische Achse symmetrisch. Jetzt nehmen wir den Lichtpunkt aber seitlich von der Achse an. Zu dem Zwecke bedecken wir die Linse mit einem Karton mit einer engen Mittelblende. Wir verdrehen nun die Linse um einen beliebigen Winkel um die Mittelachse, es ist das dasselbe, als ob wir den Punkt senkrecht zur Achse seitlich aus der Mittellage entfernt hätten. Wir nehmen die Verdrehung so, daß der Lichtstrahl jetzt unter einem Winkel von zirka 45⁰ die Linse trifft. Wir sehen, daß das Bild des Lichtpunktes ganz unscharf wird. Wir nehmen nun einen weißen Karton und suchen durch Verschiebung desselben, wo das scharfe Punktbild entsteht. Wir werden dann eine überraschende Erscheinung wahrnehmen. Wenn wir den Karton von der Linse langsam entfernen, so werden wir an einer Stelle, welche näher zur Linse liegt, als dem früheren Bildpunkte entspricht, ein Bild erhalten,

a   b
Astigmatische Verzerrung
a) einer kreisförmigen
   Lochblende ○
b) eines Kreuzes +
        Abb. 80a—c   c

welches zwar nicht sehr scharf ist, aber doch die Form des kreisförmigen Punktes zeigt. Nähern wir uns nun mit dem Karton der Linse, so verzerrt sich das Bild immer mehr in die Länge, bis statt des Punktes ein senkrechter scharfer Strich zu sehen ist, entfernen wir uns mit dem Karton, so verzerrt sich das Bild in horizontaler Richtung in die Länge, bis schließlich in größerer Entfernung ein horizontaler scharfer Strich entsteht. Diese Erscheinung heißt Astigmatismus. (Das heißt griechisch: a = nicht, stigma = Punkt, nicht punktförmig) (Abb. 80a—c). Das Bild des Punktes ist nicht mehr ein Punkt, sondern zerfällt in zwei an verschiedenen Orten befindliche zueinander senkrechte Linien. In der Mitte zwischen beiden ist der Strahlenquerschnitt ungefähr ähnlich der Dingform, so daß wir diese Stelle als Bild ansprechen können. Für jede verschiedene Verdrehung der Linse werden die Bildpunkte andere. Zeichnen wir für jede Linsenverdrehung die Bildpunkte, so sehen wir, daß die Bilder sowohl der horizontalen als auch der vertikalen Striche als auch der mittleren Bildpunkte alle auf verschiedenen gekrümmten Flächen liegen, welche sich auf der Linsenachse berühren. Wollte man also ein derartiges Bild auffangen, so müßte man eine gekrümmte Platte verwenden. Man nennt diesen Fehler die astigmatische Bildwölbung. Der Fehler des Astigmatismus äußert sich also nach zwei Richtungen: 1. darin, daß ein scharfes Bild überhaupt nicht entsteht, 2. daß das schärfste zu erzielende Bild nicht auf einer Ebene, sondern auf einer krummen Fläche liegt. Sehr deutlich sieht man die Erscheinung des Astigmatismus, wenn man als Ding einen durchsichtigen Kreuzraster verwendet. Wenn man diesen an Stelle des früheren Lichtpunktes bringt und von hinten kräftig beleuchtet, so wird man sehen, daß bei einer gewissen Entfernung die horizontalen Rasterlinien scharf, die senkrechten unscharf sind oder ganz verschwinden, und bei einer anderen Entfernung die vertikalen Linien scharf und die horizontalen unscharf sind (Abb. 80c). Betrachtet man den Kreuzraster direkt mit einer einfachen Sammellinse, die als Lupe dient, und hält man dabei die Linse schräg zum Raster, so wird man auch entweder die horizontalen oder die vertikalen Linien für sich in verschiedenen Entfernungen scharf erblicken, die dazu senkrechten unscharf. Nehmen wir jetzt wieder als Ding den leuchtenden Punkt und vor der Linse statt der Mittelblende die Randblende, und neigen die Linse gegen die Achse, so erhalten wir überhaupt kein Bild mehr, sondern es entstehen vielmehr eigenartig verzerrte Figuren, die das Aussehen von Kometenschweifen haben. Von einer Ähnlichkeit mit dem Dinge ist keine Rede. Man nennt diesen Fehler Astigmatismus der Randstrahlen oder die Koma (griechisch $\varkappa o\mu\eta$ = Lichtschweif des Kometen).

4. Die Bildverzeichnung, Distorsion

Wir nehmen an, wir hätten als Ding einen quadratischen Raster. Wir können denselben herstellen, indem wir, wie schon beschrieben, auf eine gelatinierte Glasplatte einen solchen zeichnen. Wir stellen knapp hinter denselben eine Mattglasscheibe und beleuchten stark mit einer Glühlampe. Wir können dann durch unsere Linse ein Bild dieses Rasters an einer beliebigen Stelle erhalten. Da wir bei diesem Versuch die volle Öffnung der Linse benützen, wird das Bild nicht sehr scharf sein, es wird aber das Bild vollkommen ähnlich dem Dinge sein, das heißt von der Mitte zum Rande gleichmäßig große Quadrate besitzen. Wir stellen nun scharf an die Linse einen Karton mit einer kleinen kreisförmigen Achsblende von zirka 4 mm Durchmesser ein. Das Bild wird lichtschwächer, aber viel schärfer werden (Abb. 81 a). In beiden Fällen ist die Anordnung so, daß jeder Punkt des Dinges von der ganzen freigelassenen Linsenfläche abgebildet wird. Nun verschieben wir unsere Blende längs der Achse gegen das Ding hin. Und zwar so lange, als das Bild nicht vignettiert erscheint. Dann werden wir eine Veränderung des Bildes wahrnehmen: Das Bild sieht so aus, als ob es plastisch wäre, als ob der Raster kugelförmig aus der Bildebene heraustreten würde (Abb. 81 b). Legen wir an die Bildlinien ein Lineal an, so sehen wir, daß alle Linien sich gekrümmt haben, derart, daß die inneren Quadrate größer sind, als die äußeren. Es entsteht daher der Eindruck, wie der der Gradeinteilung auf einem Globus, und dieser erzeugt den Eindruck der Plastik. Es ist also das Bild gegenüber dem Dinge verzerrt oder verzeichnet, man nennt diese Art der Verzeichnung tonnenförmig. Es werden die verschiedenen Teile des Dinges in verschiedenem Maßstab abgebildet. Ein ähnlicher Fehler tritt ein, wenn wir die Blende auf der Bildseite des Dinges als sogenannte Hinterblende anordnen. Wir nehmen dann die entgegengesetzte Verzeichnung wahr, wir nennen dieselbe kissenförmig (Abb. 81 c). Die inneren Quadrate sind jetzt kleiner als die äußeren. Diese beiden Erscheinungen nennt man den Fehler der Distorsion oder Verzeichnung. Die Ursache dieser Erscheinung wird an Hand einer Zeichnung sofort klar werden (Abb. 82).

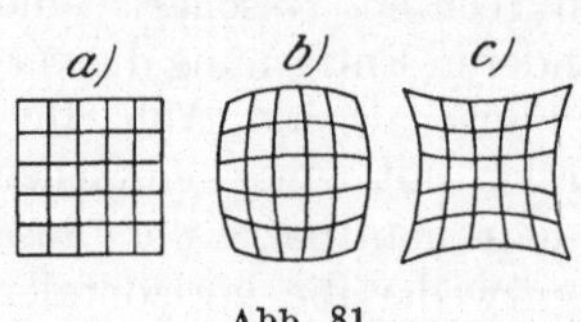

Abb. 81

Infolge der Blende L sind alle vom Dinge $A\,B$ kommenden Strahlen gezwungen, durch den Achspunkt L zu gehen.

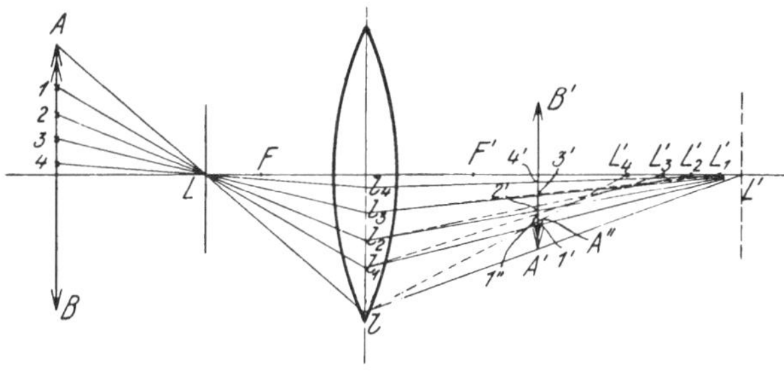

Abb. 82

Da L gleichzeitig Eintrittspupille ist, müssen alle austretenden Strahlen durch die Austrittspupille, das ist das Bild von L, welches in L' liegt, gehen. Es liegen also die Verhältnisse so, als ob L ein selbstleuchtender Punkt wäre, von dem die Strahlen nach allen Richtungen ausgehen. Dann ist L' sein Bild. Wenn die Linse von sphärischer Aberration frei ist, dann treffen sich alle bildseitigen Strahlen im Punkte L', dann verhält sich

$$\frac{A\,1}{l\,l_1} = \frac{1,2}{l_1\,l_2} = \frac{2,3}{l_2\,l_3} \text{ oder } \overline{A\,1} : \overline{1,2} : \overline{2,3} = \overline{l\,l_1} : \overline{l_1\,l_2} \doteq \overline{l_2\,l_3}$$

ferner verhält sich

$$\frac{A'\,1'}{l\,l_1} = \frac{1',2'}{l_1\,l_2} = \frac{2',3'}{l_2\,l_3} \text{ oder } \overline{A'\,1'} : \overline{1',2'} : \overline{2',3'} = \overline{l\,l_1} : \overline{l_1\,l_2} : \overline{l_2\,l_3}$$

$$\text{daher } \overline{A\,1} : \overline{1,2} : \overline{2,3} = \overline{A'\,1'} : \overline{1',2'} : \overline{2',3'}$$

das heißt alle Teile von Bild und Ding sind proportional, Bild und Ding sind einander vollkommen ähnlich, es findet keine Verzeichnung statt.

Besitzt dagegen die Linse sphärische Aberration, so werden nach der Brechung die von L kommenden Strahlen nicht mehr nach dem Punkte L' zielen, sondern die Randstrahlen werden relativ stärker gebrochen als die Mittelstrahlen. Also nach $L'_1\text{-}L'_2\text{-}L'_3\text{-}L'_4$. Die Folge davon ist, daß die verschiedenen Partien von Bild und Ding nicht mehr proportional sind, sondern es werden die Randpartien kleiner abgebildet. Ziehen wir die Strahlen $A\,Ll, l\,A'L'$, die einer Linse ohne sphärischer Aberration entsprechen würden, so würde der Bildpunkt von A in A' liegen. Infolge der Aberration wird aber der bildseitige Strahl nach L'_4 zielen, der Punkt A wird statt in A' in A'' abgebildet, ebenso der Punkt 1 in 1''. Der Teil $A\,1$ wird nicht in der Größe $A'\,1'$ abgebildet werden, sondern als $A''\,1''$, das Bild der Randpartie ist also relativ kleiner als das der Mittelpartie des Bildes. Die Verzeichnung entsteht also dadurch, daß durch die Vorderblende die Wirksamkeit der Linse geteilt wird. Die Randpartien der Linse bilden die Randpartie des Dinges ab, die Mitte der Linse die Mitte des Dinges. Da die Randstrahlen infolge der sphärischen Aberration randkurz sind, einer kurzen Brennweite aber eine kleinere Vergrößerung entspricht, so wird die Mittelpartie der Linse ein Ding bestimmter Größe größer abbilden als die Randpartien der Linse, das heißt es werden die mittleren Quadrate größer erscheinen, was wegen des allmählichen Überganges des Verzerrungsmaßstabes tonnenförmige Verzeichnung ergibt. Ebenso kann man diese Verzeichnung erzielen, wenn man zur Beleuchtung des Rasters ein Lichtbüschel verwendet, welches vor der Linse in L einen Schnittpunkt hat. Der Schnittpunkt der Strahlen vertritt dann die Stellen der Blende.

Zeichnen wir dagegen die Blende als Hinterblende, so liegen die Verhältnisse umgekehrt (Abb. 82). Wenn wir die Lichtrichtung umkehren, also das Licht von rechts nach links gehen lassen, so ändert sich an der Abb. 82 nichts, nur wird das Bild $A'B'$ jetzt Ding sein, AB das zugehörige Bild. L ist die Hinterblende. Es ist jetzt das Ding tonnenförmig verzeichnet ($A'B'$), das Bild dagegen infolge der Hinterblende ein unverzerrter Kreuzraster (AB). Denken wir uns nun das Ding $A'B'$ auseinandergezerrt, bis es ein richtiger, unverzerrter Kreuzraster wird, das heißt vergrößern wir die tonnenförmigen Quadrate gegen den Rand zu, bis sie zu richtigen Quadraten werden, dann müssen die Randquadrate des Bildes (AB) sich ebenfalls proportional vergrößern, das heißt aus dem richtigen Kreuzraster wird einer, der gegen den Rand zu kissenförmig verzeichnet ist. Die Randpartien sind also durch die Hinterblende stärker vergrößert; die Hinterblende bewirkt kissenförmige Verzeichnung. Wie früher kann man die Erscheinung herbeiführen, wenn man den Raster mit einem konvergenten Büschel durchleuchtet, dessen Schnittpunkt zwischen Linse und Bild liegt. Der Strahlenschnittpunkt vertritt hier die Stelle der Blende.

5. Die Farbenabweichung

Die Farbenabweichungen oder chromatischen Fehler (griechisch: Chroma = Farbe) haben ihre Ursache darin, daß jeder Farbe eine andere Brechungszahl zukommt, wie wir bereits früher erwähnt haben. Und zwar hat die rote Farbe die geringste Brechungszahl, nach Gelb, Grün, Blau, Violett hin wird

die Brechungszahl immer größer. Nun besteht das dem Sonnen-
lichte entsprechende weiße Licht aus allen Farben, wie wir sie
im Spektrum sehen. Trifft ein weißer Lichtstrahl die Linse, so
muß der blaue Teil am stärksten, der rote am wenigsten gebrochen
werden.

Es entsteht aus dem einen Lichtstrahl ein divergierendes
farbiges Büschel. Statt eines Lichtpunktes auf der Achse werden
wir eine kleine axsiale Lichtlinie erhalten, deren der Linse
nächstes Ende blau, das entferntere rot erscheint. Wir nennen
diese Erscheinung chromatische oder Farbenabweichung. In
Wirkleichkeit ist natürlich diese Farbenlinie sehr kurz.

Wenn wir das Licht der Sonne auf die Linse auffallen lassen
und den weißen Karton in den Brennpunkt stellen, so werden
wir bei Verschiebung des Kartons näher der Linse eine Stelle
finden, an welcher der weiße Lichtfleck von dem roten Saum
umgeben ist. Ebenso werden wir bei Entfernen des Kartons
finden, daß der Fleck von einem blauen Saum umgeben erscheint
(Abb. 83). Das nähere Bild mit dem roten Saum ergibt sich an der
Stelle, wo der blaue Strahl die Achse
schneidet, der blaue Saum dort, wo
der rote Strahl die Achse schneidet.
Im Innern des Saumes überlagern
sich die verschiedenen Farben zu
Weiß, der äußerste Kreis wird jedoch nur von einer Farbe gebildet,
weil die anderen Farben ein
kleineres Bild geben. Daher bleibt

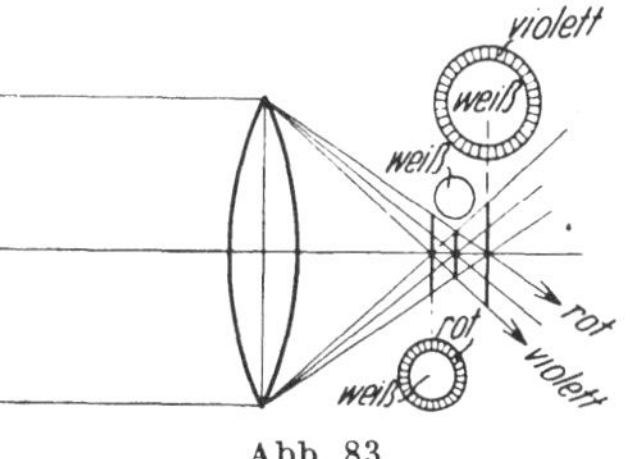

Abb. 83

der Farbensaum übrig. Stellen wir mit einer Linse auf ein weit
entferntes Ding ein, so werden wir die Scharfeinstellung dort
finden, wo das Gelbbild entsteht, weil diese Farbe dem Auge
am hellsten erscheint. An dieser Stelle wird das durch die blauen
und violetten Strahlen erzeugte Bild unscharf sein. Ist das
Ding räumlich ausgedehnt, so werden die Partien im Innern
des Bildes keine Farbe zeigen, weil sich die Bilder aller Farben
decken, und nur an den Rändern bzw. dort, wo helle und dunkle
Partien in scharfen Linien aneinanderstoßen, wird der Farbensaum wahrnehmbar sein. Die Behebung dieses Fehlers ist besonders für photographische Objektive von großer Bedeutung,
während bei Projektionsobjektiven der Fehler nicht so störend
in Erscheinung tritt. Bei der Projektion stellt man nämlich so
ein, daß das hellste Bild, das gelbe, auf dem Schirm scharf erscheint. Die anderen Farben wirken auf das Auge so wenig,
daß deren Bilder auf dem Schirme kaum wahrgenommen werden.

Bei der photographischen Aufnahme stellt auch das Auge auf das gelbe Bild ein, die größte photographische Wirksamkeit haben aber die blauen und violetten Strahlen; dieses Bild ist aber bei der auf gelb erfolgten Scharfeinstellung unscharf. Die Folge wird eine unscharfe Aufnahme sein. Eine Linse, bei welcher die Farbenabweichung behoben ist, heißt achromatisch (nicht-farbig).

6. Spiegelflecke

Ein sehr wichtiger Fehler, welcher kaum vollkommen zu korrigieren ist, sind die Spiegelflecke. Um diesen Fehler kennenzulernen, nehmen wir unsere Plankonvexlinse vom Kondensor und stellen dieselbe mit der Planseite gegen die Lichtquelle L ungefähr in Brennweite auf (Abb. 84). Nach einigen Ver-

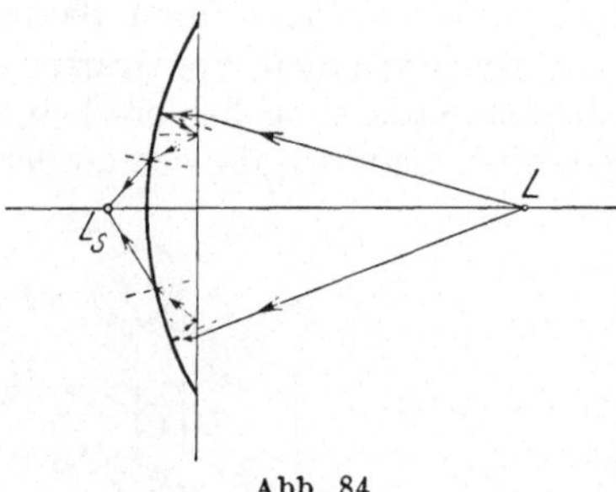

Abb. 84

suchen wird es gelingen, sehr nahe vom Scheitel der Linse in Ls ein Bild der Lichtquelle auf einem Schirm aufzufangen. Dieses ist so entstanden, daß die Lichtstrahlen von der gewölbten Fläche, welche hier als Hohlspiegel wirkt, reflektiert, von der Planfläche noch einmal zurückgeworfen und von der vorderen gewölbten Fläche gebrochen werden. Es ist also ein Spiegelbild. Haben wir dieses Bild gefunden, so können wir uns mit der Linse dem Dingpunkt nähern. Das Spiegelbild wird nun größer und rückt von der Linse nach links, bis es schließlich in die Brennebene fällt. Es wird jetzt der Lichtpunkt ziemlich nahe der Linse stehen. Bringen wir jetzt an Stelle des Lichtpunktes eine kleine Blende an und stellen nun mit Linse und Blende auf ein weit entferntes helles Ding, etwa eine Landschaft, ein, so werden wir in der Brennebene ein scharfes Bild der Landschaft erhalten, aber mit einem großen Spiegelflecke. Dieser kommt daher, daß die Blende infolge der starken Beleuchtung vom Dinge her selbst als punktförmige Lichtquelle wirkt und, wie früher beschrieben, den Spiegelfleck erzeugt. Je kleiner wir die Blendenöffnung wählen, desto stärker wird der Spiegelfleck. Denn die Blende selbst wird durch das Ding immer gleich stark beleuchtet, deshalb bleibt auch der Spiegelfleck gleich hell. Dagegen nimmt die Helligkeit des Bildes mit kleinerer Blende stark ab. Ohne Blende können wir den Spiegelfleck gar nicht sehen, weil das Bild zu hell ist. Es ist aber trotzdem vorhanden. Es ist immer möglich, den Lichtfleck allein zu sehen, wenn man vor die Blende ein hell beleuchtetes weißes Papier hält. Ein Objektiv ist immer aus mehreren Linsen zusammengesetzt. Jede freie Linsenfläche, die an Luft grenzt, gibt zn einem Spiegelflecke Veranlassung. Dieselben überdecken sich meist unregelmäßig und sind in ihrer Gesamtheit die Ursache, daß das ganze Bild durch falsches Licht aufgehellt wird. Das Bild verliert an Kontrast und wird flau. Deshalb ist es möglich, mit einer einfachen Landschaftslinse kontrastreichere Bilder zu erhalten als mit den bestkorrigierten Anastigmaten, welche oft 6 oder mehr freie Linsenflächen haben.

Es gibt noch eine Art von Spiegelflecken, welche man unter Umständen erhalten kann. Wir wenden die gekrümmte Seite der Linse dem Lichtpunkte zu, der ungefähr im Brennpunkt der Linse steht, dann gelingt es nach einigen Versuchen, neben dem Lichtpunkt selbst einen zweiten hellen Punkt zu sehen, wenn man neben den Lichtpunkt ein Blatt Papier hält. Dieser Punkt ist ein Spiegelpunkt des Lichtpunktes an der Planfläche, welcher durch die vordere Fläche gebrochen wurde, er ist aber von der Blende unabhängig. Er wird nur dann in Erscheinung treten, wenn man ein ziemlich dunkles Ding aufnimmt, in welchem

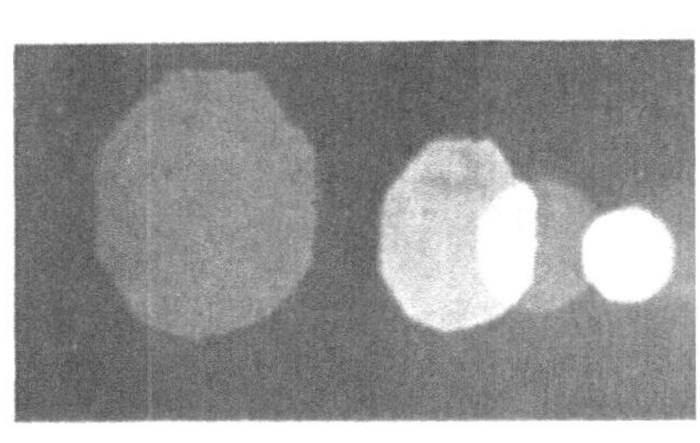

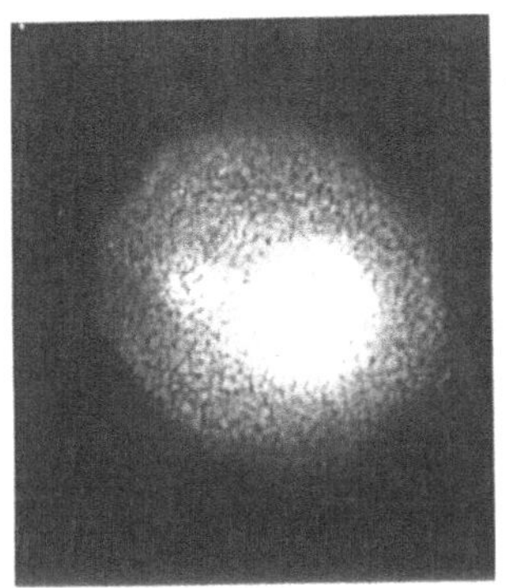

Abb. 85 Abb. 86

sich einzelne helle Partien befinden. Es wird dann das Bild der hellen Partie in den dunklen Partien des Bildes als Spiegelfleck auftreten.

Es entspricht dem Lichtpunkte des eben beschriebenen Versuches das Mattscheibenbild des hellen Dingteiles. Daneben entsteht ein Spiegelbild dieses hellen Mattscheibenpunktes, da er durch das Objektiv reflektiert wird. Abb. 85 zeigt Spiegelflecken der ersten, Abb. 86 der zweiten Art.

B. Behebung der Linsenfehler

Die Behebung der Linsenfehler ist Aufgabe des rechnenden Optikers. Er hat sehr verschiedene Aufgaben zu erfüllen, je nach dem Zwecke, dem die Linse dienen soll. Fernrohrlinsen werden ganz anders gerechnet als Mikroskopobjektive, beide ganz verschieden von den photographischen Objektiven. Bei allen Objektiven ist die wichtigste Forderung die Aberrationsfreiheit und Achromasie. Die Behebung der sphärischen Aberration erfolgt folgendermaßen: Man verwendet eine Kombination einer sammelnden und einer zerstreuenden Linse. Wenn wir 2 solche Linsen nehmen, die gleiche Krümmungen und gleichen Durchmesser haben, aus der gleichen Glassorte bestehen, so werden beide die gleiche Brennweite besitzen, die eine sammelnd, die andere zerstreuend. Wie wir gesehen haben, werden die Randstrahlen der Sammellinsen ein Büschel geben, welches relativ stärker zur Achse geneigt ist als den Zentralstrahlen entspricht; ebenso werden die Randstrahlen der Zerstreuungslinse ein Büschel geben, das stärker von der Achse abgelenkt ist, als dem Büschel der Mittelstrahlen entspricht. Diese beiden Abweichungen sind also bei beiden Linsen entgegengesetzt gleich; wenn daher die Lichtstrahlen zuerst durch die eine, dann durch die andere Linse gehen, müssen sich beide Ablenkungen aufheben. Wenn ich die Linsen scharf aneinander stelle, so werden die beiden äußersten Flächen, da die eine konvex, die andere konkav ist, und beide Krümmungen gleich sind, parallel sein, die zusammengesetzte Linse wird also wirken wie eine planparallele Glasplatte, die Brennweiten heben sich auf, der Brennpunkt liegt im Unendlichen. Die sphärische Abweichung ist allerdings behoben, aber auf Kosten der verlorenen Brechkraft. Man kann aber die Korrektion ohne Verlust der Brechkraft erreichen, indem man die Linsen auseinanderrückt. Wir nehmen ein achsparalleles Büschel an, welches die vordere konvexe Linse trifft. Es fällt dann der zweite Brennpunkt der konvexen Linse mit dem ersten Brennpunkte der Konkavlinse (nach rechts gelegen) zusammen. Es wird also die Konkavlinse von einem Büschel getroffen, welches nach dem ersten Brennpunkte zielt. Die Strahlen treten dann achsparallel aus, die Kombination wirkt also wie eine planparallele Glasplatte. Rücken wir die Konkavlinse nach rechts, so auch den ersten Brennpunkt (Abb. 87). An der Konvexlinse hat sich nichts geändert; die

Strahlen zielen zum zweiten Brennpunkte der Konvexlinse, also zu einem Punkte links vom Brennpunkte der Konkavlinse. Es ergibt sich ein Schnittpunkt rechts von der Konkavlinse, der den Brennpunkt der Linsenkombination darstellt. Je weiter die Konkavlinse rückt, desto näher an der Konkavlinse

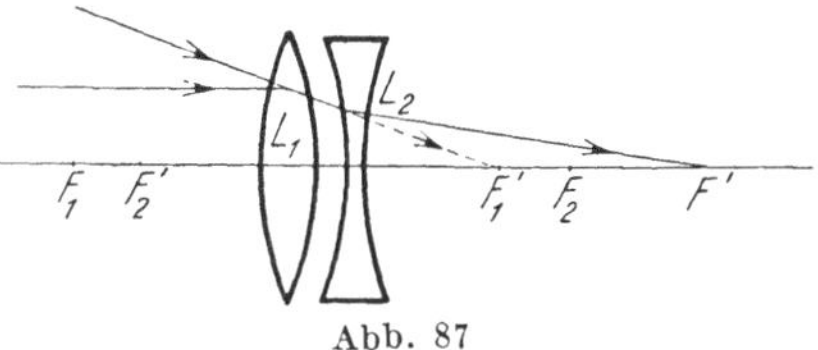

Abb. 87

liegt der Systembrennpunkt. Die Wirkung der Konkavlinse, die Randstrahlen stärker zu zerstreuen, bleibt aber erhalten, man wird daher eine Stellung erhalten, bei welcher die Korrektur der sphärischen Aberration am günstigsten sein wird. Wenn es möglich ist, so vermeidet man tunlichst mehrere freigestellte Linsen zu verwenden, wegen der Reflexionsverluste und der Spiegelflecke. Man kann die Korrektion auch erhalten, wenn man beide Linsen aus verschieden brechenden Glassorten herstellt.

Die Aberration einer Linse hängt hauptsächlich von der Krümmung der Flächen ab. Je stärker die Krümmung, desto stärker die Aberration. Die Brechkraft hängt aber auch von der Brechungszahl der Glassorte ab. Von 2 gleich gekrümmten Linsen wird die aus dem stärker brechenden Glase die größere Brechkraft haben. Wenn wir also die Sammellinse aus stärker brechendem Glase (Flintglas), die Zerstreuungslinse aus weniger stark brechendem Glase (Crownglas) herstellen, so wird nach Formel $\frac{1}{f} = \frac{1}{f_1} - \frac{1}{f_2}$ noch eine Brechkraft der Kombination übrig bleiben, während die sphärische Aberration aufgehoben wird, da die Krümmungen beider Linsen ungefähr gleich sind. Wenn wir die Zeichnung für die sphärische und chromatische Abweichung vergleichen, so sehen wir, daß die Bilder ganz ähnlich sind, nur vertritt bei der chromatischen Abweichung die Stelle des Randstrahles der blaue Strahl (kurze Brennweite), den Mittelstrahl der rote (größere Brennweite). Wenn demnach die Glassorten auch die Eigenschaft haben, daß die Farbenzerstreuungen bei beiden verschieden sind, so wird durch die Sammellinse der blaue Strahl stärker zur Achse hingelenkt als der rote, durch die Zerstreuungslinse aber von der Achse um ebensoviel mehr abgelenkt, so daß die Wirkungen sich aufheben. Solche Gläser sind, wie schon erwähnt, die Flint- und Crown-Gläser. Man wählt für solche Linsen den inneren Krümmungsradius, mit welchen sie aneinandergestellt werden, gleich groß. Diese Flächen werden mit Kanada-Balsam aneinandergekittet. Dieser hat dieselbe Brechungszahl wie Glas, daher geht das Licht ohne Spiegelung oder Brechung von einer Linse in die andere über.

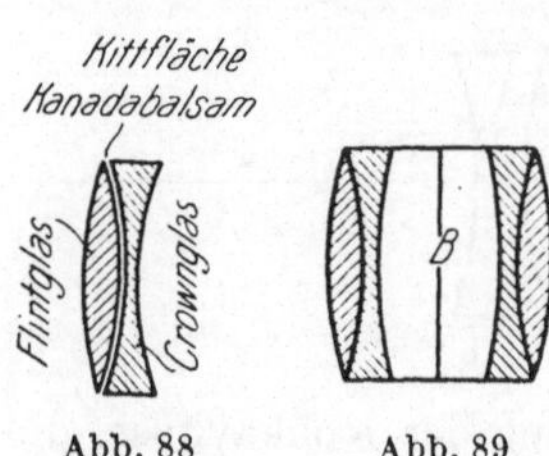

Abb. 88   Abb. 89

Eine solche verkittete Linse heißt einfacher Achromat (Abb. 88). Er hat die Form eines Meniskus. Ein solcher ist frei von sphärischer und chromatischer Abweichung. Er war das älteste photographische Objektiv und wird heute noch für Fernrohrobjektive, Operngläser und auch als Landschaftslinse verwendet. Der Aplanatismus ist bei diesen Objektiven infolge der geringen relativen Öffnung meist so gering, daß er nicht in Erscheinung tritt.

Mit Hilfe zweier gleicher Achromate können wir leicht noch einen Fehler beseitigen, das ist die Verzeichnung. Wenn wir 2 Achromate in gewissem Abstande aufstellen (Abb. 89), so ist die Brennweite der Kombination leicht zu berechnen. Genau in der Mitte zwischen beiden bringen wir die Blende B an. Diese ist dann für die erste Linse Hinterblende, für die zweite Linse Vorderblende. Die Strahlen, die durch die erste Linse kommen, werden infolge der Hinterblende zu kissenförmiger Verzeichnung Anlaß geben. Diese Strahlen treffen aber unter demselben Einfallswinkel die zweite Linse, weil beide Linsen zur Blende symmetrisch stehen. Es wird also durch die zweite Linse das kissenförmig verzeichnete Bild tonnenförmig verzeichnet, das heißt die beiden Verzeichnungen werden sich aufheben und das Bild wird unverzerrt abgebildet. Ein solches kombiniertes Objektiv heißt einfacher Aplanat. Diese Eigenschaft der Verzerrungsfreiheit kommt allen symmetrisch zur Mittelblende angeordneten Objektiven zu, wie z. B. den Doppelanastigmaten. Die eigentliche Berechnung eines Objektivs ist eine langwierige Rechenarbeit. Man rechnet mit Hilfe der Trigonometrie, wo für parallele Strahlen der Brennpunkt wirklich entsteht, und zwar für einen Mittelstrahl und für den Randstrahl. Wenn die Punkte nicht zusammenfallen, muß man andere Krümmungen annehmen und die Rechnung wiederholen. Man nennt dies das „Durchbiegen" der Linse. Es wird so lange fortgesetzt, bis die Strahlenvereinigung entspricht. Es sind dadurch langwierige Rechnungen nötig. Am schwierigsten ist die Behebung des Astigmatismus, weil hier bestimmte Formeln nicht bestehen und nur durch Versuchsrechnung das Richtige gefunden werden kann. Die astigmatische Bildwölbung läßt sich nie ganz beheben, sondern nur bis zu einer gewissen Grenze. Diese ist bei einem bestimmten Objektiv durch seinen Verwendungszweck, das heißt die Bildgrößen bestimmt, die scharf ausgezeichnet werden soll. Durch diese Bedingungen ist die stärkste Strahlenneigung gegeben, für welche das Bildfeld noch eben sein muß. Eben bedeutet, daß die Krümmung so gering ist, daß sie nicht wahrgenommen wird. Über diese Grenze hinaus ist die Bildfeldkrümmung wahrnehmbar und wird ein auf einer ebenen Fläche aufgefangenes Bild über die Grenze hinaus unscharf erscheinen. Würde man beispielsweise mit einem Kinoprojektionsobjektiv eine Glasplatte von 8×8 projizieren, so wäre der kleine, dem Kinobild entsprechende Kreis scharf, nach außen gegen den Rand zu würde eine ziemlich rasch wachsende Unschärfe wahrgenommen werden, weil hier das Bildfeld schon stark gekrümmt ist. Daraus geht hervor, daß man ein Aufnahmeobjektiv nie über die vorgeschriebene Bildgröße verwenden darf, dagegen mit Vorteil unter dieser Grenze. Man wird beispielsweise mit einem Aplanat großer Brennweite oder einem Petzval-Objektiv, welche für ein großes Bildformat bestimmt sind, befriedigende Aufnahmen im Kinoformate erhalten, da das kleine ausgenützte Bildfeld den vorhandenen Astigmatismus nicht in Erscheinung treten läßt.

VI. Bestimmung der Konstanten, Prüfung und Beurteilung von Objektiven

Die genaue Prüfung und Untersuchung von Objektiven ist nur mit Hilfe sehr präziser Instrumente durchführbar. Es soll hier nur die Untersuchung und Bestimmung der wichtigsten Konstanten von Objektiven erläutert sein, wie sie jeder einzelne ohne besondere Apparatur vornehmen kann.

1. Bestimmung der Brennweite und der Hauptpunkte

Um die Methode auseinanderzusetzen, wählen wir ein Projektionsobjektiv vom Petzval-Typ, welches eine ziemliche Länge besitzt. Für dieses Objektiv verfertigen wir ein einfaches hölzernes Reiterstativ in der aus Abb. 90 ersichtlichen Form. In der Mitte des Bodenbrettes befindet sich ein Zapfen und ist die Mittelebene am Halter selbst durch einen Strich markiert. Mit dem Zapfen kann der Halter mit dem Objektiv hin- und hergeschwenkt werden. In einem zweiten längeren Brett befindet sich in der Längsachse eine Zahl von Löchern als Lager für diesen Zapfen. Seitlich ist ein Maßstab eingezeichnet. Wir legen nun das Objektiv in den Halter und lassen ein paralleles

Lichtstrahlenbündel, welches wir mit Hilfe eines Lichtpunktes und einer in Brennweite aufgestellten Sammellinse erzeugen, auf das Objektiv auffallen. Wir erhalten dann ein scharfes Bild

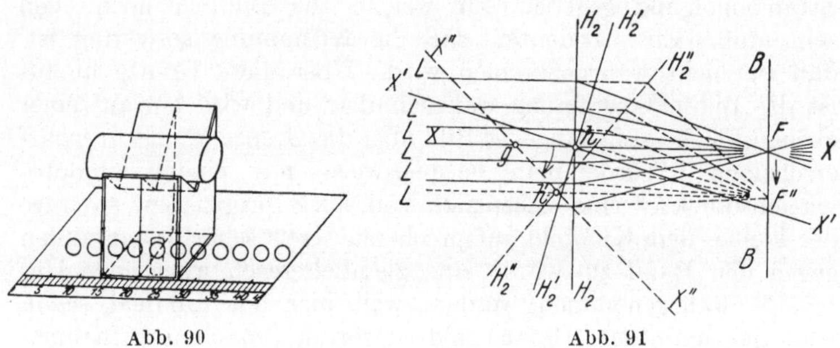

Abb. 90   Abb. 91

auf einem Schirme oder einer Mattscheibe. Wenn wir nun das Reiterstativ um den Zapfen drehen, so wird der auf der Mattscheibe entstehende Bildpunkt hin- und herwandern. Wenn man nun das Objektiv im Halter verschiebt, so wird man sehen, daß bei Verschiebung nach einer Richtung das Wandern des Lichtpunktes schwächer wird, bis wir schließlich eine Stelle finden, bei welcher trotz Schwenkung des Objektivs der Bildpunkt unverändert an seinem Platze bleibt. Dann liegt die Drehachse des Halters in der zweiten Hauptebene des Objektivs. Abb. 91 zeigt uns die zweite Hauptebene $H_2 H_2$, in welcher die Knickung der achsparallelen Strahlen L zum Brennpunkte F erfolgt. $X X$ ist die optische Achse. Drehen wir das Objektiv mit der Hauptebene um den Punkt h der zweiten Hauptebene in die Lage $H'_2 H'_2$, so kommt die optische Achse nach $X' X'$, das Büschel ist nicht mehr zur Achse parallel, sondern geneigt. Wir finden das Bild des unendlichen fernen Punktes, indem wir den Schnitt des dem Büschel parallelen Hauptstrahles, der durch den Hauptpunkt h geht, mit der Brennebene suchen. Wir sehen, daß der Hauptstrahl mit der früheren Achse $X X$ zusammenfällt und der Bildpunkt F unverändert geblieben ist. Wäre der Drehpunkt nicht in der Hauptebene gelegen, sondern in g, so kommt die Hauptebene nach $H''_2 H''_2$, die optische Achse nach $X'' X''$, der büschelparallele Hauptstrahl geht durch h' und das Bild des Punktes entsteht in F''. Es findet also bei der Schwenkung des Objektivs ein Wandern des Punktes statt.

Wenn also das Bild ruhig bleibt, so wissen wir, daß der Drehpunkt in der Hauptebene liegt, wenn wir den betreffenden Punkt am Objektiv markieren, so kennen wir die zweite Hauptebene und wissen, bis zu welchem Punkte die Brennweite zu rechnen ist.

Um die Brennweite selbst bestimmen zu können, könnten wir auf die Sonne oder einem Stern einstellen und das scharfe Bild suchen. Diese Methode ist aber ziemlich ungenau. Wesentlich besser ist folgende: Wir stellen auf der einen Seite des Objektivs die früher beschriebene Lochblende auf und durchleuchten dieselbe mit einer starken Lichtquelle. Auf der anderen Seite des Objektivs, welches im früher beschriebenen Halter liegt, stellen wir in der Entfernung von einigen Zentimetern einen guten geschliffenen Planspiegel auf. Wir verschieben nun das Objektiv oder die Lichtquelle so lange, bis wir neben der belichteten Blende das scharfe Bild derselben wahrnehmen. Wenn wir das Bild gefunden haben, schwenken wir das Objektiv und verschieben das Objektiv im Stativ dabei so lange, bis das Bild ruhig steht. Natürlich ohne an Schärfe zu verlieren, wir müssen also das Stativ selbst auch verschieben. Dann ist der Abstand Mitte des Drehzapfens bis Lochblende die gesuchte Brennweite. Der Grund ist folgender: Wenn der Lichtpunkt in der Brennweite steht, treten die Strahlen aus dem Objektiv in parallelen Büscheln aus und werden vom Spiegel parallel zurückgeworfen. Durch das Objektiv werden die zurückgeworfenen parallelen Strahlen wieder in der Brennebene vereinigt. Wenn der Lichtpunkt und sein Bild genau zusammenfallen, so nimmt man das lichtschwächere Bild nicht wahr. Man muß das Bild daher etwas seitlich des Lichtpunktes auffallen lassen. Es muß daher die Entfernung zwischen Lichtpunkt und Drehpunkt, die ich sehr genau abmessen kann, die Brennweite sein. Diese Methode der Brennweitebestimmung ist bei großer Genauigkeit sehr einfach.

2. Prüfung der photographischen und Projektionsobjektive

Bei den modernen photographischen und Projektionsobjektiven sind die Fehler bis zu einem so hohen Grade behoben, daß ihre genaue Wahrnehmung nur mit sehr kostspieligen und genauen optischen Geräten möglich ist. In der Praxis wird man sich meist auf eine praktische Überprüfung der Objektive beschränken. Da es bei Projektionsobjektiven nur darauf ankommt, wie das erhaltene Bild dem Auge erscheint, wird auch die Prüfung zweckmäßig nur mit dem Auge erfolgen. Dagegen wird das photographische Objektiv, welche ja das Bild nicht für das Auge, sondern auf der photographischen Platte entwirft, nur durch eine Probeaufnahme erfolgen können. Vor allem ist eine Prüfung des Objektivs rein äußerlich durch den Augenschein geboten. Die Fassung des Objektivs erfolgt durch den Mechaniker, der Sorgfalt ihrer Ausführung ist darum große Bedeutung zuzumessen, da durch die Fassung die Zentrierung der Einzellinsen erfolgt. Es dürfen die Linsen nicht gedrückt werden, weil gepreßtes Glas an den Stellen der Pressung ein anderes Brechvermögen erhält, was zu Schlierenbildung Anlaß gibt, und das Objektiv unbrauchbar macht. Wichtig ist hierbei auch das leichte zügige Arbeiten der vorhandenen Irisblende, sie darf nicht zu schwer gehen, aber auch nicht schlottern. Sehr wichtig ist, daß die Irisblende und das ganze Innere des Objektivs vollkommen mattschwarz ist, da ein Fehler in dieser Beziehung unfehlbar flaue oder fleckige Bilder durch Falschreflexe ergibt. Was die Gläser der Linsen anlangt, so soll deren Oberfläche rein und nicht verkratzt sein. Die verkratzte Stelle trägt zur Bilderzeugung nicht bei, vermindert daher die wirksame Fläche der Linse und damit die Helligkeit des Bildes. Zu Bildfehlern können aber Kratzer keine Veranlassung geben. Kleine Blasen im Glase vermindern ebenfalls die Helligkeit, weil diese Stellen zur Bildentstehung nicht beitragen. Die Reinigung der Linsengläser erfolgt am besten mit einem alten, oft gewaschenen Leinwandlappen. Zu warnen ist vor Rehleder, weil dieses häufig infolge des Gerbprozesses winzige Steinsplitterchen enthält, welche die Linsenoberfläche zerkratzen. Eventuell kann man die Leinwandlappen mit etwas Wasser oder verdünntem Alkohol befeuchten. Viel Alkohol nehmen ist gefährlich, da die meisten Linsen mit Kanada-Balsam verkittet sind und Alkohol diesen auflöst. Wasser ist viel ungefährlicher. Aus demselben Grunde sind die Linsen vor zu starker Erwärmung zu schützen, um kein Schmelzen des Kanada-Balsams herbeizuführen. Ist man gezwungen die Linse auseinanderzunehmen, um sie innen zu reinigen, so muß man sorgfältigst die Reihenfolge der Zusammensetzung notieren, um bei der Zusammensetzung keinen Fehler zu machen, da sonst das Objektiv unbrauchbar ist. Will man etwa die Irisblende innen schmieren, so wasche man mit feinem, leichtesten Benzin, trockne und schmiere mit ganz wenig feinstem Knochenöl.

Schlieren sieht man am besten, wenn man das Sonnenlicht auf die Linse auffallen läßt, so daß sich ein großer Lichtkreis bildet. Der Kreis muß dann, vorausgesetzt daß die Linsenflächen rein sind, gleichförmig hell sein. Die genaue Prüfung selbst auf die Art der Bildgestaltung erfolgt bei Projektions- und photographischen Objektiven, wie schon erwähnt wurde, verschieden.

Bei Projektionsobjektiven verlangen wir vor allem, beste Korrektion der sphärischen Aberration. Die chromatischen Abweichungen müssen so weit beseitigt sein, daß Farbenränder nicht wahrnehmbar sind. Es muß die Korrektion nicht so weit getrieben sein, wie beim Photoobjektiv. Weiters müssen die Objektive vollkommen verzeichnungsfrei sein. Was die Behebung des Astigmatismus anlangt, so muß dieser soweit behoben sein, als der Größe des größten Diapositivs, für das es bestimmt ist, entspricht. Der Zusammenhalt zwischen Diapositivgröße und Brennweite gibt den schrägsten zur Wirkung kommenden schiefen Strahl. In diesem Bereiche muß die Bildwölbung vollkommen behoben sein. Die Prüfung erfolgt am besten durch Projektion eines Probebildes. Als solches verwendet man das Diapositiv eines Kreuzrasters mit senkrechten und waagrechten Linien. Dieser Raster kann photographisch oder mit der Hand gezeichnet sein. Dieses Diapositiv projiziert man mit Hilfe des Objektivs, und zwar derart, daß man hinter dem Raster eine Mattscheibe legt und diese durch den Kondensor scharf beleuchtet. Dann sendet jeder Punkt der Tafel gleichmäßig Licht aus, und es nimmt die ganze Objektivoberfläche an der Abbildung gleichmäßig Anteil. während bei der normalen Projektionsweise durch einen Lichtkegel das jeden Bildteil durchsetzende Strahlenbüschel nur einen Teil des Objektivs trifft, man also nicht ohne weiteres entscheiden kann, wie jeder Teil des Objektivs an der Abbildung teilnimmt. Man wird in diesem Falle natürlich eine viel geringere Helligkeit des Schirmbildes erzielen und darum eine viel geringere Vergrößerung des Bildes zulassen können, wenn dasselbe deutlich erkennbar sein soll. Man vergleicht nun die entworfenen Projektionsbilder einmal bei Verwendung der gesamten Objektivöffnung, sodann unter Vorschaltung einer Zentralblende und einer Randblende, welch letztere man nicht aus einzelnen Löchern bestehen läßt, sondern indem man in einem Karton konzentrische Spalten einschneidet. Auf diese Weise bestimmen wir die vorhandene sphärische Aberration. Den Astigmatismus prüft man unter Vorschaltung einer kleinen Zentralblende. Man wird denselben daran erkennen, daß die vertikalen und horizontalen Rasterlinien nicht bei derselben Stellung des Objektivs scharf erscheinen. Die Bildwölbung erkennt man daran, daß die Mitte des Rasters scharf erscheint, der Rand nicht. Damit ist ein typischer Unterschied gegen die sphärische Aberration gegeben, bei welcher die Bildverschlechterung immer das ganze Bild betrifft. Koma wird man erkennen, wenn bei der Anwendung der Randblende das ganze

Bild unscharf erscheint, wobei jedoch auch ein Unterschied zwischen Scharfebene der horizontalen und vertikalen Strahlen besteht. In allen Fällen muß man bei der Projektion trachten, das projizierende Lichtbüschel tunlichst in die Mitte des Objektivs zu bringen. Eine Verzeichnung sieht man sofort durch die Krümmung der Rasterlinien durch Anlegen eines Lineals, und messen mit einem Zirkel. Die Farbfreiheit wird einfach mit dem Auge beurteilt. Farbensäume sollen nicht wahrnehmbar sein. Bei photographischen Objektiven müssen alle Fehler in viel weiterem Umfange behoben sein. Die Prüfung erfolgt durch die Aufnahme einer von Hand gezeichneten Probetafel, welche zweckmäßig in weißen Strichen auf schwarzem Grunde hergestellt wird. Diese besteht aus 4 bis 6 Feldern, in welcher sich einfache geometrische Zeichnungen, am besten Strichlagen mit nach den Feldern abnehmender Feinheit, befinden. Die feinste Strichlage soll für Prüfung von Kinoobjektiven derart bemessen sein, daß der Strich auf dem Film die Breite 0,01 mm hat, der stärkste Strich zirka 0,05 mm. Dann wird in der üblichen 200fachen Vergrößerung die Unschärfe auf der Projektionswand $200 \times 0,01 \, \text{mm} = 2 \, \text{mm}$, die Schärfe ist also sehr groß, sie wird erst bei der Sehweite, 5 m, 1 Minute erreichen und merkbar werden.

Um die Striche in der verlangten Breite auf dem Filmbilde zu erhalten, nimmt man für die Tafel 20fach verkleinerte Aufnahmen, man wird diese also 20fach so groß als das Filmbild, das ist 40×50 cm, zeichnen, dann wird die feinste Strichlage 0,2 mm, die gröbste 1 mm stark sein. Die Entfernung der Tafel wird dann die 20fache Brennweite des Objektivs sein oder bei einem 40-mm-Objektiv 80 cm. Man wird die Strichlage zweckmäßig so ausführen (Abb. 92), daß man zwischen den Strichen größere Zwischenräume beläßt, die Striche werden einmal schwarz mit großen weißen Zwischenräumen, dann mit größeren schwarzen Zwischenräumen ausgeführt, so daß die Striche selbst weiß erscheinen. Abb. 92 stellt ein Feld vor. Die weißen Striche links und die schwarzen rechts haben gleiche Dicke.

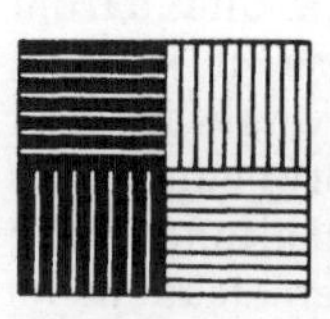

Abb. 92

In zwei nebeneinander befindlichen Feldern stehen die Linien immer zueinander senkrecht. Als Zeichenpapier wählt man weißen, glatten, matten Karton. Die Beleuchtung muß mit diffusem Lichte von rechts und links gleichmäßig erfolgen, um störende Reflexe zu vermeiden. Wird die Probeaufnahme auf Film ausgeführt, so ist besonders dafür Sorge zu tragen, daß der Film im Fenster vollkommen eben liegt, sonst kann die

Filmwölbung die Ursache einer Unschärfe werden, die man dann dem Objektiv zu Unrecht zuschreibt. Von der Probetafel macht man nun nach erfolgter Scharfeinstellung Aufnahmen bei verschiedenen Blendenstellungen. Die Bilder betrachtet man mit einem kleinen Mikroskop oder Fadenzähler starker Vergrößerung. Projektion an die Wand ist weniger empfehlenswert, außer man hätte ein durch frühere Untersuchung als tadellos befundenes Projektions-Objektiv. Unschärfe der Aufnahme trotz scharfer Einstellung mit Hilfe der Lupe deutet auf chromatische Abweichungen. Sicherheit über diesen Fehler erhält man, wenn man unmittelbar vor die Bildfläche bei der Einstellung und Aufnahme ein strenges Blaufilter, wie es für Dreifarbenaufnahmen verwendet wird, anbringt. Wird die Aufnahme nunmehr scharf, so ist chromatische Abweichung sicher vorhanden. Für den Fall als das Objektiv für Farbenaufnahmen dienen soll, muß man Aufnahmen mit Dreifarbenfiltern bei ein und derselben Scharfeinstellung machen, wobei die Filter am besten unmittelbar vor die Bildfläche gestellt werden, da in dieser Stellung Fehler der Filter gegen die Planparallelität sich am wenigsten bemerkbar machen. Keinesfalls stelle man die Filter, außer sie sind garantiert planparallel, vor das Objektiv. Es müssen dann alle Farbenaufnahmen, auch die mit weißem Licht, gleich scharf und übereinandergelegt, vollkommen gleich groß sein. Astigmatismus wird daran erkannt, daß die gezogenen Horizontal- und Vertikallinien nicht bei derselben Einstellung scharf erscheinen. Man nimmt zu dieser Aufnahme kleine Blende und stellt die Tafel seitlich außer der optischen Achse, so daß die feinen Strichlagen an den Rand des Bildfensters fallen. Sphärische Aberration, die kaum jemals nachweisbar sein wird, wird durch Vergleich der Aufnahmen mit großer und kleiner Blende bestimmt. Bei symmetrischen Objektiven ist die Probe auf Koma und Verzeichnung überflüssig, da sie davon immer frei sind. Dagegen ist bei unsymmetrischen Objektiven, Petzval-Objektiven und einfachen Anastigmaten der Verzeichnung große Aufmerksamkeit zuzuwenden. Die Prüfung erfolgt am besten so, daß man auf einer schwarzen Tafel oder auf einem Karton einen senkrechten, geraden weißen Strich zieht, den man in derartiger Entfernung aufnimmt, daß der Strich senkrecht oder horizontal über die ganze Platte geht. Er muß dann auf der Platte vollkommen gerade erscheinen. Die genaue Markierung der Stellung ∞ auf dem Objektiv (Brennweitenentfernung von der Mattscheibenebene) bestimmt man am besten mit Hilfe der früher beschriebenen Spiegelmethode in der Kamera selbst.

Spiegelflecke, wie sie auf Abb. 85 gezeigt wurden, entstehen nur, wenn man gegen sehr helle Lichtquellen aufnimmt, wenn deren Bilder auch nicht direkt auf die Mattscheibe fallen. Die ungünstige Wirkung der Spiegelflecke liegt aber noch in einer anderen Richtung. Jede freistehende Linsenfläche erzeugt einen Spiegelfleck, der meist größer ist als die Mattscheibe. Wenn z. B. ein Teil des Bildes vom freien Himmel eingenommen wird. Alle diese Spiegelflecke zusammen geben falsches Licht auf die Mattscheibenebene. Hierzu kommt noch Licht von den Linsenflächen selbst, wenn diese nicht ganz rein sind, z. B. Fingerspurenzeichen, mit Staub bedeckt sind, nicht genügende Schwärzung der Fassungen besitzen usw.

Die Folge davon ist, daß das Bild flau wird, da die dunkelsten Partien eine gewisse Aufhellung erfahren.

Man kann sich davon durch folgenden Versuch überzeugen: Man photographiert eine größere, mit weißem mattem Papier bespannte, hell beleuchtete Fläche, in deren Mitte man ein Loch ausschneidet, in welches man ein Rohr steckt, welches ganz mit schwarzem Samte ausgeschlagen ist, so daß es vollkommen schwarz erscheint. Auf der entwickelten Platte sollte dieses Bild des schwarzen Raumes ganz klar ohne Schleier erscheinen. In Wirklichkeit wird es immer eine gewisse Bedeckung zeigen, es ist dies das falsche Licht, welches durch die Linse auf die Platte geworfen wird.

In den meisten Fällen wird sich eine Revision der Distanzskala empfehlen. Man stellt zu diesem Zwecke flächige Objekte, schwarze Zeichnungen auf weißem Karton, in bestimmten genau gemessenen Entfernungen vor der Kamera auf und vergleicht die Zahlen der Skala mit den wirklichen Entfernungen bei Scharfeinstellung. Führt man dies bei verschiedenen Abblendungen des Objektivs aus, so erhält man auch ein richtiges Urteil über etwaige Zonenfehler, das heißt darüber, ob das Objektiv bei allen Blendeneinstellungen gleichmäßig scharf arbeitet.

VII. Wichtigste Arten der heute verwendeten Objektive

1. Der einfache Achromat (Abb. 88)

Derselbe führt auch den Namen Landschaftslinse. Diese finden heute nur noch als Amateurobjektiv beschränkte Verwendung. Behoben ist sphärische und chromatische Abweichung. Sie zeigen starke Bildwölbung und Astigmatismus sowie bei größerer Öffnung Koma. Sie müssen deshalb, um halbwegs brauchbare Randschärfe zu erzielen, kleine relative Öffnung haben; diese ist im günstigsten Falle zirka $f:15$. Bei dieser Abblendung ist die brauchbare Bildlänge zirka $\frac{1}{2}f$, bei $f/70$ zirka $\frac{2}{3}f$. Sie zeigen auch Abfall der Helligkeit gegen den Rand. Wird die Blende in einigem Abstand von der Linse angebracht, also als Hinter- oder Vorderblende, so entsteht Verzeichnung.

2. Der Aplanat (Abb. 89).

Stellt man 2 Achromate in einiger Entfernung voneinander mit einer symmetrischen Mittelblende, so erhält man den Aplanat von Steinheil. Die Brennweite ist zirka halb so groß wie die jeder Einzellinse. Da beide Teile gleich sind, läßt sich jeder der beiden Teile als Einzellinse mit doppelter Brennweite verwenden. Verzeichnung und Koma ist wegen der Symmetrie beim Aplanaten behoben, bei den Einzellinsen natürlich nicht. Je nach dem Verwendungszwecke unterscheidet man Landschafts-aplanate, Reproduktions-, Porträt- und Gruppenaplanate. Der Unterschied richtet sich nach dem ausgezeichneten Bildwinkel. Mit diesem ändert sich auch die relative Helligkeit, sie ist z. B. bei 60^{0} $f/7$, bei 95^{0} $f/15$, also fast viermal geringer. Astigmatismus und Bildwölbung sind nur in geringem Maße behoben. Die Namen der Aplanate sind verschieden. Das Euryskop von Voigt-länder, Lynkeioskop von Goerz usw. (Die Antiplanaten, sind unsymmetrische Objektive, die heute nicht mehr gebaut werden.)

3. Das Petzval-Objektiv (Abb. 93a)

Dieses unsymmetrische Objektiv hat auch heute noch eine außerordentliche Verbreitung. Während es zur Zeit seiner Er-findung im Jahre 1848 das hervorragendste Porträtobjektiv war, ist es in dieser Beziehung durch die Anastigmate verdrängt,

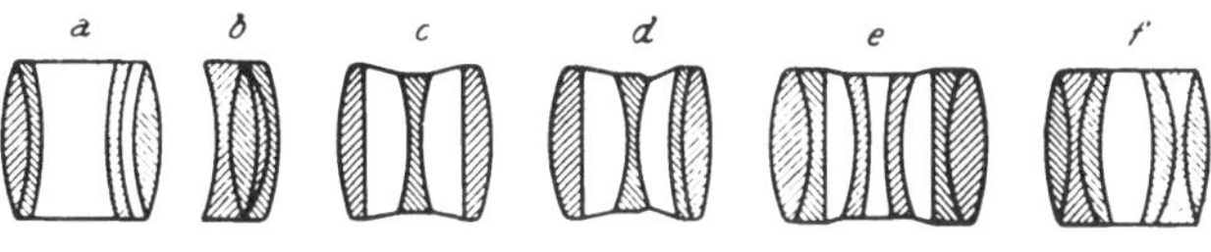

Abb. 93

findet aber zu Projektionszwecken noch immer Verwendung. Bemerkenswert ist seine außerordentliche Lichtstärke. Bei voller Öffnung zirka $f/3\cdot5$. Chromasie und sphärische Abweichung sind behoben, Astigmatismus zum Teile, dagegen zeigt es ziemlich starke Bildwölbung, so daß nur ein relativ kleiner, zentraler Teil des Bildfeldes vollkommen scharf wird, eine Vergrößerung des scharfen Feldes durch Abblendung, wie es beim Aplanaten möglich ist, ist hier unmöglich. Gute Petzval-Objektive können bei größeren Brennweiten von zirka 10 cm aufwärts für Kinoaufnahmen verwendet werden, da hierbei das verwendete Bildfeld relativ zur Brennweite sehr klein ist, weshalb dieses kleine Feld sehr scharf ausgezeichnet wird.

4. Die Anastigmate (Abb. 93 b c d e f)

Diese können sein: 1. verkittete Einzellinsen, sogenannte Anastigmatlinsen (*b*), 2. aus freien Einzellinsen zusammengesetzt, unverkittete Anastigmate (*c*) und 3. aus verkitteten und freistehenden Linsen zusammengesetzt, halbverkittete Anastigmate (*def*). Je nach der Anordnung der Linsen können sie sein: symmetrische, sogenannte Doppelanastigmate (*f*), und unsymmetrische (*c, d, e*). Bei allen Anastigmaten ist Astigmatismus und Bildfeldwölbung in der ausgezeichneten Bildgröße behoben. Bei den symmetrischen besteht auch vollkommene Verzeichnungsfreiheit. Bei den unsymmetrischen muß diese nicht vorhanden sein. Sie sind die verbreitetsten Aufnahmeobjektive der Gegenwart und führen je nach den Firmen die verschiedensten Namen. Die Qualität der Bildschärfe ist bei allen diesen Objektiven hervorragend.

5. Weichzeichner

Wir haben bisher als erste und wichtigste Forderung vom Objektiv verlangt, daß es das Möglichste an Schärfe leiste, also seine Fehler weitgehend korrigiert seien. Wir haben aber schon bemerkt, daß weniger scharf zeichnende Objektive eine scheinbar größere Tiefenschärfe besitzen, wobei als Ursache die physiologische Eigenschaft des Auges festgestellt wurde, sehr scharf zwischen absoluter Schärfe und Unschärfe, ungenügend aber zwischen größeren und kleineren Graden vorhandener Unschärfen zu unterscheiden.

Eine gleichmäßig verteilte Unschärfe bewirkt eine bessere Raumzeichnung und größere Plastik des Bildes. Für viele Zwecke bildmäßiger Aufnahmen ist es überhaupt erwünscht, eine größere Unschärfe zu erzielen, wodurch ein weicherer Bildeindruck erzielt wird. Man bezeichnet solche Aufnahmen als Soft-Photos. Die günstige Wirkung solcher Bilder beruht darauf, daß ein natürlicher Bildeindruck entsteht. Selten treten beim wirklichen Sehen Licht und Schatten so scharf begrenzt in Erscheinung, wie auf der Photographie. Hierzu kommt die in der Natur immer vorhandene Farbe, welche die Übergänge mildert. Es betrifft dies besonders die Großaufnahmen, bei welchen zu große Schärfe einen vollkommen unnatürlichen Eindruck hervorruft.

Die Erzielung der Unschärfe ist auf verschiedene Weise möglich. Verfehlt ist es, unscharf einzustellen, weil dadurch die Konturschärfe verloren geht und das Auge einen unbefriedigenden Eindruck erhält. Es soll vielmehr die Hauptkontur scharf bleiben, diese aber gleichsam vignettiert, das heißt die scharfe Kontur von einem Hofe umgeben sein, der in die Umgebung verläuft.

Ein in der Photographie seit altersher verwendetes Mittel ist die Vorschaltung eines feinmaschigen Gewebes, Tüll oder Gaze, vor das Objektiv. Die durch die freien Lücken dringenden Lichtstrahlen erzeugen die scharfe Kontur. An den Rändern jeder einzelnen Lücke erfährt aber das Licht eine Veränderung der Richtung, Beugung genannt, welche bewirkt, daß lichtschwächere unscharfe Bilder sich über das Hauptbild lagern. Die richtige Anwendung dieses Verfahrens ist nicht einfach und erfordert langes Versuchen. Einen ähnlichen Effekt erzielt man, wenn man vor einen Teil des Objektivs ein Stück durchsichtiges gewöhnliches Fensterglas hält. Der freie Objektivteil gibt die scharfe Kontur, die im Fensterglas enthaltenden Schlieren sowie dessen variierende Dicke bewirkt die Überlagerung unscharfer Bilder.

Am zweckmäßigsten ist es, sogenannte weichzeichnende Objektive zu verwenden. Diese haben Reste von chromatischer und sphärischer Aberration, welche den gewünschten weichen Bildeffekt herbeiführen. Das Arbeiten mit solchen Objektiven erfordert auch Übung, besonders die Abblendung muß vorsichtig gehandhabt werden, da bei zu starker Abblendung die Aberrationen aufgehoben werden und das Objektiv scharf zeichnet.

VIII. Bildwurf

Beim Bildwurf handelt es sich darum, von einem gegebenen Ding ein vergrößertes Bild zu entwerfen. In diesem Sinne ist die optische Anordnung des Bildwerfers mit der der photographischen Kamera gleich. An Stelle der Mattscheibe der Kamera tritt der Bildschirm. Das Bild in der Kamera, das meist verkleinert ist, ist beim Bildwurf vergrößert, dies macht dem Wesen der Sache nach keinen Unterschied aus. Ist das Ding nicht selbst leuchtend, so muß es durch eine Lichtquelle beleuchtet werden. Ist die Oberfläche des Dinges undurchsichtig, so sendet dann jeder Punkt des Bildes reflektierte Lichtstrahlen nach allen Richtungen, und jene Lichtstrahlen, die das Objektiv treffen, bewirken die Entstehung eines Bildes. Bei dieser Methode des Bildwurfes, der sogenannten episkopischen (von griechisch Epi = darauf und skopein = sehen, also Aufsichtsprojektion), welche die weniger häufigere ist, hat man genau dieselben Ver-hältnisse wie bei der photographischen Aufnahme. Bei gleicher Flächenhelligkeit des Dinges und gleicher Vergrößerung des Bildes ist die Helligkeit des Schirmbildes lediglich von der re-lativen Öffnung des Objektivs abhängig. Anders bei der üblichen Art des Bildwurfes, dem Diabildwurf. Hier ist das Ding selbst ein Durchsichtsbild, bei welchem die hellsten Stellen durch-sichtig, die dunkeln jedoch gedeckt und undurchsichtig sind. Hier erfolgt die Belichtung durchfallend, durch eine hinter das Diapositiv gestellte Lichtquelle. Es findet also durch das Ob-jektiv nur eine Abbildung der Lichtquelle statt, während das Ding mit seinen undurchsichtigen Stellen nur als Blende wirkt und an die entsprechenden Stellen des Schirmes kein Licht gelangen läßt. Es liegt also hier ein wesentlicher Unterschied gegenüber der photographischen Aufnahme vor. Der eigentliche Zweck des Bildwurfes ist die Abbildung des Diapositivs. Die Ab-bildung der Lichtquelle selbst ist nur ein Hilfsmittel für erstere.

1. Diaprojektion

Man nennt die Abbildung der Lichtquelle die Lichtführung Eine richtige Lichtführung ist für die Güte des Bildwurfes von entscheidendem Einfluß. Zum Unterschied von episkopischer Projektion und der gewöhnlichen Photographie wirkt bei der Dia-projektion das Ding selbst als Eintrittspupille, welche durch das Objektiv scharf abgebildet werden soll. Wenn wir nun einfach knapp hinter das Diapositiv eine beliebige Lichtquelle stellen, so wird folgendes eintreten: Die Abbildung des Dinges und der Lichtquelle wird in derselben Entfernung vom Objektiv scharf erfolgen. Ich werde also auf dem Schirme gleichzeitig ein scharfes Bild der Lichtquelle und des Diapositivs erhalten, das heißt ich werde das Diapositiv kaum erkennen, weil es durch die Helligkeit der Lichtquelle überstrahlt wird. Entferne ich die Lichtquelle weiter von dem Diapositiv, so wird der Schirm licht-ärmer, desto deutlicher wird aber das Bild hervortreten. Rücke ich mit der Lichtquelle in sehr große Entfernung, werde ich das Bild der Lichtquelle auf dem Schirm gar nicht wahrnehmen, da ja dieses Bild im Brennpunkt des Objektivs entsteht, also nahe vom Objektiv. Natürlich wird dabei das Schirmbild sehr lichtschwach erscheinen. Die Beleuchtung des Schirmes nämlich ist von der Zahl der Lichtstrahlen abhängig, die das Objektiv treffen. Je weiter die Lichtquelle wegrückt, desto geringer wird diese Zahl. Es ist also klar, daß man auf diesem Wege einen guten Bildwurf nicht erzielen kann. Man muß vielmehr folgenden Weg einschlagen. Es muß eine starke Lichtmenge auf dem Dinge gesammelt und diese Lichtmenge vollkommen durch das Objektiv geführt werden. Nur jene Lichtstrahlen sind für den Bildwurf ausgenützt, welche das Diapositiv und das Objektiv durchsetzt haben. Das Schirmbild ist nun das Bild des Dinges, folglich ist das Diapositiv Eintrittspupille, das Schirmbild ist die Austrittspupille. Wie wir wissen, werden nur jene Strahlen, welche die Eintrittspupille passiert haben, die Austrittspupille durchsetzen. Der Strahlengang wird aber weiters noch begrenzt durch die freie Objektivöffnung. Kann ein Strahl das Objektiv nicht erreichen, sondern geht er daran vorbei, so kann er nie auf den Bildschirm gelangen. Es muß also die freie Objektivöffnung den Strahlengang ebenso begrenzen wie die Eintrittspupille. Beide müssen als Eintrittspupillen in gleicher Weise wirken. Diese Forderung kann man nur durch gerichtetes Licht erfüllen. Wir verwenden lichtsammelnde optische Systeme, wie wir sie im Hohlspiegel und Linsenkondensor haben.

Wir müssen mit Lichtquelle und Kondensor einen Lichtkegel erzeugen, der das Diapositiv durchsetzt und vom Objektiv ganz aufgenommen wird. Dann haben wir das von der Lichtquelle kommende Licht ausgenützt. Ein Kondensor besteht nun aus einem Hohlspiegel oder unkorrigierten Sammellinsen großer Öffnung, daher ist er auch mit starker sphärischer Abweichung behaftet. Weiters ist auch die Lichtquelle kein Punkt, sondern besitzt eine bestimmte Flächenausdehnung. Es tritt daher aus der Linse nicht ein kegelförmiges Bündel aus, wie es gewöhnlich schematisch gezeichnet wird, sondern es ähnelt das Bündel einem Kegelstumpf. Die engste Einschnürung des Lichtbündels, welches die Abbildung der Lichtquelle ist, soll vom Objektiv aufgenommen werden. Ist das Objektiv so groß oder größer als dieser Forderung entspricht, so ist die relative Öffnung des Objektivs ohne Einfluß auf den Bildwurf, denn derselbe kann durch Vergrößerung des Objektivs nicht heller werden, wenn einmal alle Lichtstrahlen vom Objektiv aufgenommen sind. Wir sehen also, daß die Helligkeit des Diabildwurfes von der relativen Öffnung des Projektionsobjektivs nicht abhängig sein muß. Da die Entfernung des Dinges vom Objektiv durch die Formel $f^2 = xx'$ gegeben ist, so ist der richtige Strahlenkegel bei einer bestimmten

Vergrößerung gegeben. Zeichnet man sich Objektiv und Bild in richtigem Maßstabe auf, so kann man Stellung und Durchmesser des Kondensors leicht finden. Die Lichtquelle wird um so wirksamer sein, je größer der vom Kondensor aufgenommene Lichtstrom ist. Man wird daher trachten, die Lichtquelle möglichst nah zum Kondensor zu stellen. Die kleinste Entfernung aber, die möglich ist, ist die Brennweite, weil in diesem Falle das Lichtstrahlenbüschel parallel austritt. Es wird die Entfernung größer sein müssen, um ein konvergentes Büschel zu erzielen (Abb. 94). Da die Lichtquelle L also in der Nähe des Brennpunktes stehen wird, wird das von ihr durch den Kondensor K entworfene Bild vergrößert sein und dieses vergrößerte Bild bestimmt die engste Stelle L' der Strahlenbüscheleinschnürung. Wir sehen also, daß unser Bestreben darauf gerichtet sein

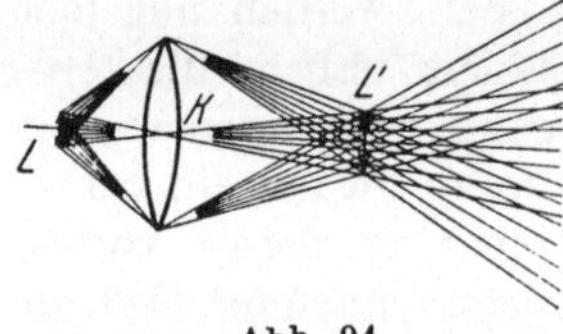

Abb. 94

muß, diese engste Stelle des Büschels von möglichst kleinem Querschnitt zu erhalten, denn je kleiner dieser ist, ein desto kleineres Objektiv kann verwendet werden. Ein weiterer Grund dieses Bestrebens ist der, daß die meist verwendeten Petzval-Objektive in der Zentralpartie schärfer zeichnen als am Rande, man also trachten muß, beim Bildwurf das Büschel möglichst im Zentrum des Objektivs zu sammeln. Die Mittel zur Verringerung des Büschelquerschnittes sind also: 1. möglichste Freiheit des Kondensors von sphärischer Aberration, 2. geringe Vergrößerung der Lichtquelle, 3. kleine Flächenausdehnung der Lichtquelle. Um jedoch große Helligkeiten zu erzielen, muß ich verlangen, daß die Lichtquelle nahe dem Brennpunkt kommt, das bedingt wieder einen stärkeren Vergrößerungsmaßstab. Es muß also getrachtet werden, der Lichtquelle große spezifische Flächenhelle zu geben, um ihre Fläche zu beschränken. Wie wir gesehen haben, sind am günstigsten die kurzbrennweitigen Triplekondensoren und Hohlspiegelkondensoren. Als Lichtquelle ist am günstigsten die Bogenlampe.

Bei Verwendung von Kondensorspiegeln besteht ein wesentlicher Unterschied zwischen Kugel- und Parabolspiegeln. Der Kugelspiegel ist, wie schon auseinandergesetzt wurde, randkurz, der Parabolspiegel randlang. Die Form und die Helligkeitsverteilung ist daher im projizierenden Büschel verschieden.

Denken wir uns den Spiegel in gleich breite Ringzonen zerlegt, so wird der Flächeninhalt der Kreisringe um so größer sein, je weiter dieselben gegen den Rand zu liegen. Der reflektierte Lichtstrom hängt aber ab von der Intensität der Lichtquelle und der Größe der reflektierenden Fläche (Gl. 1). Es wird also die Lichtmenge, die von den Ringzonen reflektiert wird, von der Mitte gegen den Rand zunehmen. Das äußerste Randbüschel wird den größten Lichtstrom erhalten, daher im axialen Schnittpunkte der Randstrahlen die größte Helligkeit hervorrufen.

Beim Kugelspiegel (Abb. 95) werden wir also folgende Helligkeitsverteilung haben: Im Schnittpunkte der Randstrahlen, also dem Spiegel am nächsten, wird auf der Achse ein sehr helles Scheibchen sein, dessen Helligkeit nach außen abnimmt. Nach dem Schnitte gehen die Randstrahlen wieder auseinander, dagegen laufen die Zentralstrahlen, die nach einem ferneren Achspunkte zielen, noch zusammen. Dort, wo die divergierenden Randstrahlen die konvergierenden Zentralstrahlen schneiden, ist die engste Stelle der Büschel, dann laufen die Zentral- und die Randstrahlen auseinander, das Lichtscheibchen wird größer und bedeutend lichtschwächer. Es ist aus diesem Grunde die zweckmäßige Stellung des Objektivs ziemlich eingeengt, da die Randstrahlen sehr stark divergieren, aber tunlichst voll-

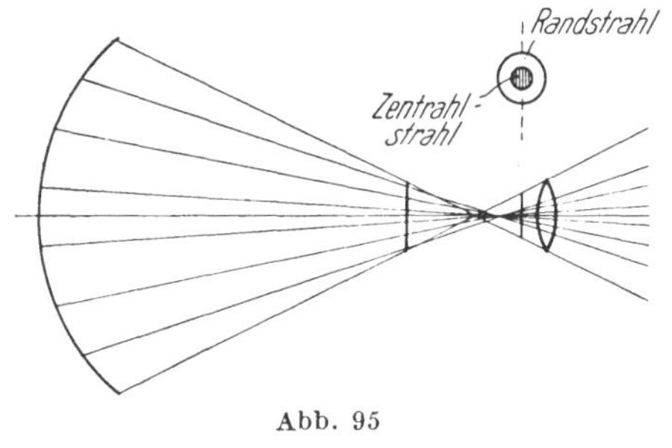

Abb. 95

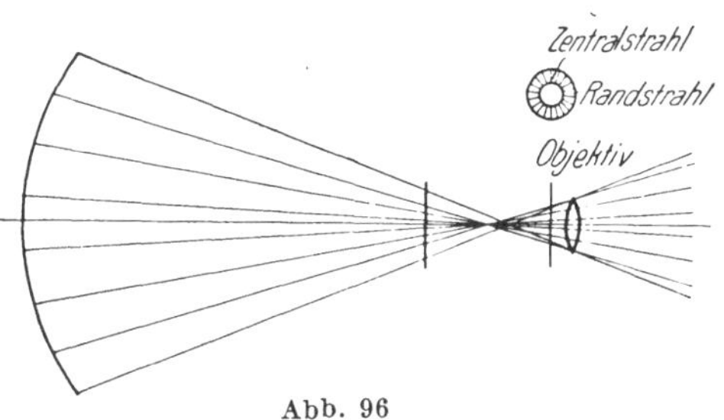

Abb. 96

kommen im Objektiv gesammelt werden sollen, da sie ja die größte Lichtmenge enthalten.

Der Parabolspiegel zeigt das umgekehrte Verhalten (Abb. 96). Die Randstrahlen haben die größte Brennweite, der Schnittpunkt ist weiter vom Spiegel entfernt als die Zentralstrahlen. Das Büschel der Randstrahlen divergiert nach dem Schnitte schwächer als die Randstrahlen beim Kugelspiegel.

Man kann deshalb mit dem Objektiv weiter hinausrücken, wobei es allerdings möglich ist, daß ein Teil der Zentralstrahlen am Objektiv vorübergeht; da aber die Zentralstrahlen zur Lichtmenge wenig beitragen, ist der Verlust sehr gering. Es ist aus diesem Grunde, besonders bei Projektion auf große Entfernung, der Parabolspiegel vorteilhaft, wobei allerdings der bedeutend höhere Preis der Parabolspiegel zu berücksichtigen ist.

Wie die Gleichung für die Bildentfernung zeigt ($f^2 = x\,x'$), steht bei großer Bildentfernung das Diapositiv sehr nahe dem Brennpunkte. Man begeht keinen großen Fehler, wenn man es in der Brennweite liegend annimmt. Wir finden dann, daß sich die Projektionslänge zur Brennweite verhält wie die Länge der entsprechenden Seiten von Bild und Diapositiv oder wie die lineare Vergrößerung. Es findet aber, wie erwähnt, auch eine Abbildung der Lichtquelle selbst statt. Es stellt hier der Kondensor mit dem Objektiv eine Linsenkombination vor. Wir finden den Bildpunkt der Lichtquelle leicht durch Konstruktion. Der Kondensor entwirft das Bild der Lichtquelle an der engsten Stelle seines austretenden Büschels. Da diese vom Objektiv aufgenommen wird, liegt also das Kondensorbild der Lichtquelle im Objektiv. Wie wir früher gesehen haben, ist für ein Ding, welches im Hauptpunkt einer Linse liegt, das Bild an derselben Stelle. Es entsteht also im Objektiv selbst das Bild der Lichtquelle. Es ist also hier genau so, als ob die Lichtquelle im Objektiv stünde und von dort gegen den Schirm ihr Licht innerhalb des Projektionswinkels ausstrahlen würde. Kurz zusammengefaßt, findet also bei der normalen Diaprojektion folgendes statt: Die Lichtquelle steht etwas außerhalb der Brennweite des Kondensors, dieser erzeugt an der Stelle des Projektionsobjektivs ein vergrößertes Bild der Lichtquelle. Das Bild, welches das Projektionsobjektiv von diesem Bild der Lichtquelle entwirft, befindet sich an derselben Stelle. Alle Lichtstrahlen, welche hierher gelangt sind, haben das Diapositiv als Blende durchsetzt. Diese ist Eintrittspupille, das Schirmbild daher Austrittspupille, nur dort, wo das Diapositiv Licht durchläßt, kann auf den Schirm, der Austrittspupille Licht hingelangen. Natürlich ist hierbei das Verhältnis der Entfernung Diapositiv und Schirm durch die Objektivbrennweite bestimmt. Eine für die Projektion von Diapositiven größeren Formats unangenehme Eigenschaft zeigt der Spiegelkondensor. Haben wir eine Bogenlampe mit Hohlspiegelkondensor, so liegt bei diesem ein Teil der Lampe und die negative Kohle in der Richtung, in der die reflektierten Strahlen gehen, und wirkt als Blende für diese. Bei der Filmprojektion ist das Objektiv kurzbrennweitig, das Filmbild ist, wenn es vom Büschelquerschnitt gerade ausgeleuchtet wird, weit von der Kohle entfernt, da ja der Strahlenkegel sich verjüngt. Es wird nach der Formel

$f^2 = x\,x'$ das Bild der Kohle, die sich als dunkler Schatten abbildet, an ganz anderer Stelle entstehen als das Schirmbild, daher auf dem Schirme nicht wahrnehmbar sein. Will man dagegen ein größeres Glasdiapositiv projizieren, so muß man im Strahlenbüschel viel näher zum Spiegel rücken, um dasselbe auszuleuchten. Das Objektiv hat längere Brennweite, weil geringere Vergrößerung gewünscht wird. Jetzt rückt der Bildort von Kohle und Diapositiv so nahe, daß mit dem scharfen Bild des Diapositivs gleichzeitig ein unscharfes Bild des Kohlenschattens auf dem Schirme entsteht.

Zur Behebung dieser Schwierigkeit dienen die Diaeinrichtungen. Diese können derart gebaut sein, daß für die Diaprojektion nur ein Teil der reflektierten Spiegelstrahlen, und zwar jener, der nicht durch die Kohlen abgeblendet ist, benützt wird. Durch Zerstreuungsspiegel wird der Strahlenkegel entsprechend ausgebreitet. Eine andere Anordnung, die keinen Lichtverlust bedingt, ist die Zwischenschaltung einer Zerstreuungslinse in den Strahlenkegel. Ordne ich diese Linse so an, daß die Strahlen parallel austreten, so ist dies dasselbe, als ob die Lichtquelle im Unendlichen stünde; das Bild der Lichtquelle selbst mit dem Kohlenschatten entsteht dann in der Brennebene des Projektionsobjektivs, das Bild des Diapositivs auf dem entfernten Schirme, so daß die Kohlenschatten nicht mehr wahrnehmbar werden. Treten die Strahlen divergierend aus, so entsteht immerhin das Bild der Kohlenschatten so weit vom Schirme, daß man eine reine Bildfläche erhält.

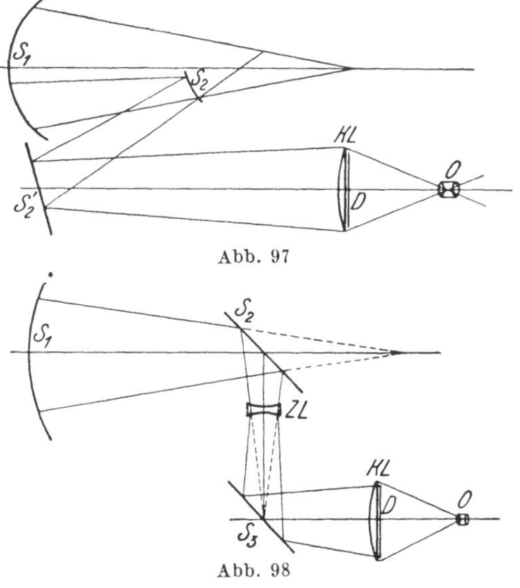

In Abb. 97 ist S_1 der Sammelspiegel, S_2 ein Zerstreuungsspiegel (konvex), der einen Teil des Lichtstromes ablenkt und divergierend wirkt. S_2 ist ein Planspiegel, der die Lichtstrahlen nach vorne reflektiert. Das Büschel trifft eine Sammellinse KL von der Größe des Diapositivs, hinter dieser steht das Diapositiv D. O ist das Objektiv.

In Abb. 98 ist S_1 der Sammelspiegel, S_2 ein Planspiegel, durch die zerstreuende Bikonkavlinse ZL werden die Strahlen divergierend gemacht, fallen auf den Planspiegel S_3 und von dort, wie früher, auf Sammellinse KL, Diapositiv D und Objektiv O.

Wenn man das Objektiv entfernt und an Stelle der engsten Einschnürung des Büschels eine Kreisblende von der Größe anbringt, daß das Büschel gerade hindurch kann, so wird an der Helligkeit des Strahlenganges nichts geändert. Das bedeutet, daß die Einschnürung des Büschels gerade so wirkt, als ob dasselbe an dieser Stelle abgeblendet würde. Alle Strahlen, die das Diapositiv durchsetzt haben, werden durch die Einschnürung abgeblendet. Diese Eigenschaft des Büschels ist bei der Lichtführung wohl zu berücksichtigen. Würde ich die Einschnürung vor dem Objektiv erzeugen, so wäre die Wirkung so, als ob ich vor dem Objektiv eine Vorderblende anbringen würde. Die Folge würde eine tonnenförmige Verzeichnung sein. Diese Einschnürung kann man aber auch dazu verwenden, um mit einer nicht korrigierten Linse relativ gute Projektionen zu erzielen, da ich ja infolge der engen Einschnürung nur die Zentralpartie der Linse verwende, welche auch bei unkorrigierten Linsen ein relativ scharfes Bild ergibt. Es gilt dies allerdings nur für mäßigen Vergrößerungsgrad. Eine Anwendung dieser Art der Lichtführung zeigt folgende Anordnung: Man nimmt die beiden Linsen des Kondensors und stellt sie, wie in Abb. 99 gezeigt, auseinander. Die Lichtquelle kommt in den Brennpunkt der ersten Linse, das Ding ungefähr in die Brennweite der zweiten Linse. Man erhält mit dieser Anordnung relativ gute Bilder,

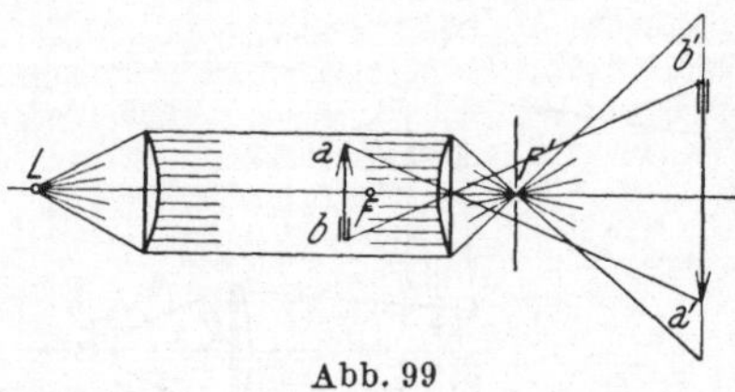

Abb. 99

obwohl man mit ganz unkorrigierten Linsen arbeitet. Der Grund ist der, daß die als Projektionslinse wirkende zweite Linse durch die Einschnürung der Strahlen in F' eine sehr enge Hinterblende erhält, weshalb schiefe Büschel und astigmatische Verzeichnung nicht auftreten. Die Folge ist wohl eine kissenförmige Verzeichnung, die sich aber bei den meisten Objekten nicht stark bemerkbar macht, da die Brennweite der Linse wesentlich größer als ihr Durchmesser ist.

Wenn man ein Bild bestimmter Größe erzielen will, so muß die Brennweite des Objektivs um so größer werden, je größer die Bildwurfdistanz wird. Die übliche Distanz geht selten über 40 m. Diese erfordert bei der normalen Vergrößerung (200fach) ein Objektiv von 20 cm Brennweite. Es muß also das Bildfenster vom Objektiv zirka 20 cm entfernt sein. So lange es gelingt, alle den Film durchsetzenden Strahlen im Objektiv zu sammeln, ist bei gleicher Vergrößerung und gleicher Lichtquelle und Kondensor die Helligkeit des Schirmbildes immer dieselbe und von dem Abstand des Bildschirms vom Objektiv ganz unabhängig. Die Regel, daß die Beleuchtungsstärke mit dem Quadrat der Entfernung abnimmt, gilt bei Objektiven verschiedener Brennweite nicht. Wenn jedoch der Dingabstand groß werden muß, dann wird es eben sehr schwierig, die Lichtführung so zu treffen, daß keine Strahlenverluste entstehen. Darauf ist es zurückzuführen, daß man für bestimmte Lichtquellen angibt, sie seien geeignet für den Bildwurf in einem Saal von der und der Länge. Es ist damit eigentlich ein Maß für die Größe der leuchtenden Fläche der Lichtquelle gegeben. Wenn Ding und Objektiv weit voneinander entfernt sind, so wird der Lichtkegel sehr lang. Die Grundfläche des Kegels ist aber der Kondensorkreis. Der Kondensor muß deshalb sehr weit weggestellt werden. Dann wird aber bei einem kurzbrennweitigen Kondensor die Vergrößerung der Lichtquelle sehr stark $\left(V = \dfrac{x'}{f} \right)$ und wird die engste Einschnürung des Büschels über das Objektiv hinausgehen, das heißt das Objektiv wird einen Teil der Strahlen nicht aufnehmen (Abb. 100).

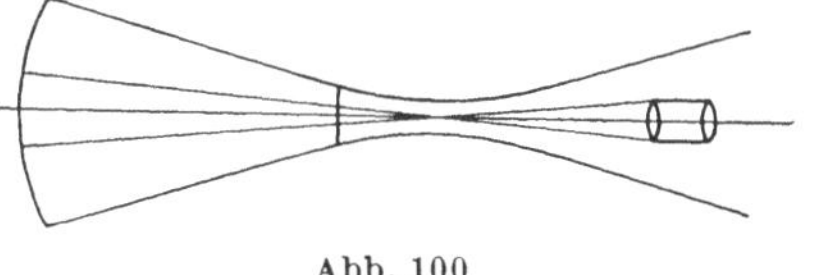

Abb. 100

Man muß in solchen Fällen Lichtquellen von möglichst kleiner Ausdehnung, daher größter Flächenhelligkeit, nehmen. Es kommen hier nur Bogenlampen in Frage; ferner wird das Objektiv großen Durchmesser, also relative Öffnung haben müssen und möglichst gut korrigiert sein müssen, da auch die Randpartien hier zur Bilderzeugung herangezogen werden. Jedenfalls bieten solche Fälle des Bildwurfes große Schwierigkeiten in der Ausleuchtung. Der Kinoprojektor ist normal so ausgeführt, daß die Entfernung Kondensor bis Filmfenster festliegt. Wenn man also jetzt mit dem Objektiv weit hinausrücken muß, so ist man nicht in der Lage, eine gute Lichtführung zu schaffen, denn entweder sammelt man das Licht auf dem Filmbild, dann liegt der Büschelschnittpunkt vor dem Objektiv, das Büschel trifft das Objektiv divergierend und überstrahlt den Rand des Objektivs oder man sammelt diese Strahlen im Objektiv, dann gehen wieder viele Strahlen am Filmbild vorbei. Die Folge sind natürlich beträchtliche Lichtverluste. In solchen Fällen können durch Verwendung von Zerstreuungslinsen günstigere Resultate erzielt werden. Durch eine solche Linse wird der Konvergenzpunkt eines Strahlenbüschels, der rechts von der Linse liegt, weiter hinausgerückt, das heißt das Büschel hinter der Linse wird weniger zur Achse geneigt sein. Ich kann also die Kondensorlinse so stellen, daß der Konvergenzpunkt bzw. das Bild der Lichtquelle hinter dem Filmbilde zwischen Film und Objektiv entsteht. Setze ich jetzt eine Zerstreuungslinse von entsprechender Brennweite und Durchmesser knapp vor das Filmbild gegen den Kondensor hin, so wird der Büschelschnittpunkt hinaus verlegt und kann ich denselben in das Objektiv verlegen. Es ist dann die Ausnützung des Lichtes natürlich viel günstiger. Die Abbildungsverhältnisse des Diapositivs sind nicht verändert worden. Natürlich darf ich die unkorrigierte Zerstreuungslinse nicht zwischen Filmbild und Objektiv bringen, da sonst die Korrektur des Objektivs gestört würde. Nachstehendes Beispiel zeigt die Wirkung einer solchen Zerstreuungslinse (Abb. 101).

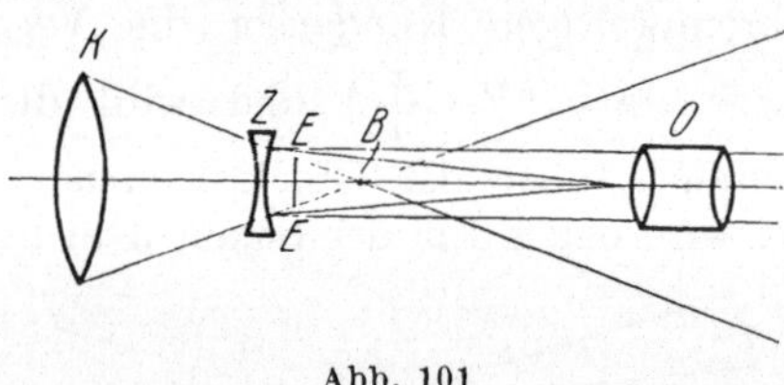

Abb. 101

Wähle ich das Lichtbüschel so, daß das Bild E voll ausgeleuchtet ist, Schnittpunkt B, so geht ein großer Teil der Strahlen am Objektiv vorbei. Würde ich die Zerstreuungslinse Z soweit vom Punkte B entfernt stellen als ihre Brennweite ist, so würden die Strahlen aus Z achsparallel austreten. Wähle ich die Entfernung BZ kleiner, so werden sich die Strahlen weiter rechts von B schneiden. Ich kann die Stellung von Z so bestimmen, daß Punkt B in das Objektiv O fällt.

Eine besondere Ausgestaltung zeigt das Projektionsobjektiv beim Mechau-Projektor. Bei diesem steht das Filmbild in der Brennweite eines Objektivs, die Strahlen treten also parallel aus, das Bild entsteht in unendlicher Entfernung. Mit diesem Parallelbüschel muß nun ein Projektionsbild entsprechender Vergrößerung entworfen werden. Ich brauche dann nur in einem beliebigen Punkte des Parallelbüschels ein Objektiv anzubringen, welches die Projektionsdistanz zur Brennweite hat. Dann werden alle parallelen Büschel in der Brennebene, welche hier dem Projektionsschirm entspricht, zu den Bildpunkten vereinigt werden. Hätte etwa der Saal 20 m Länge, so müßte man ein Objektiv von 20 m Brennweite verwenden, um auf dem Schirm scharfe Bilder zu erhalten. Das Bild hat aber dann eine bestimmte Vergrößerung, welche sich aus dem Verhältnis der Brennweite der Objektive O_1 und O_2 (Abb. 102) bestimmt. Um die Hauptstrahlen des Pro

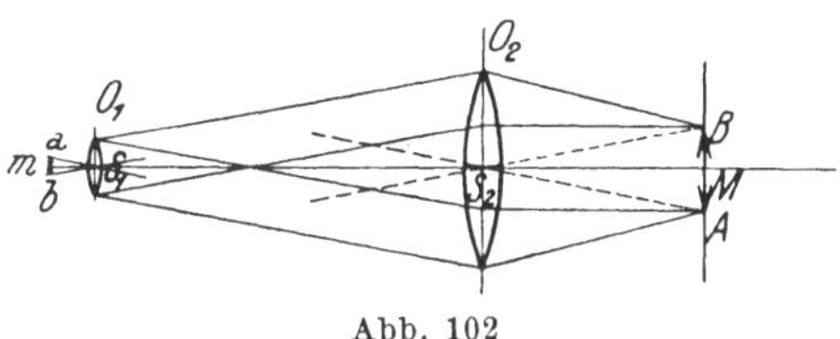

Abb. 102

jektionsbildes zu finden, muß ich die den äußersten Randbüscheln parallelen Hauptstrahlen ziehen; es ist dann $\triangle S_2\,AB \backsim \triangle a\,b\,S_1$. Es verhält sich $a\,b : AB = m\,S_1 : M S_2 = f : F$. Die Vergrößerung wäre, wenn $f = 10$ cm, $F = 2000$ cm, wie $1 : 200$. Wäre der Saal 10 m lang, so könnte ich nur die 100fache Vergrößerung erzielen, da ich F mit 1000 cm wählen müßte. Es wäre also die Vergrößerung von der Saallänge abhängig; je kürzer der Saal, desto kleiner wäre die Vergrößerung. Das ist natürlich für die Praxis unbrauchbar. Diesem Mangel kann das Tele-Objektiv abhelfen. Man kombiniert zu O_2 Zerstreuungslinsen verschiedener Brennweiten und mit verschiedenen Intervallen (Abb. 103). Wir

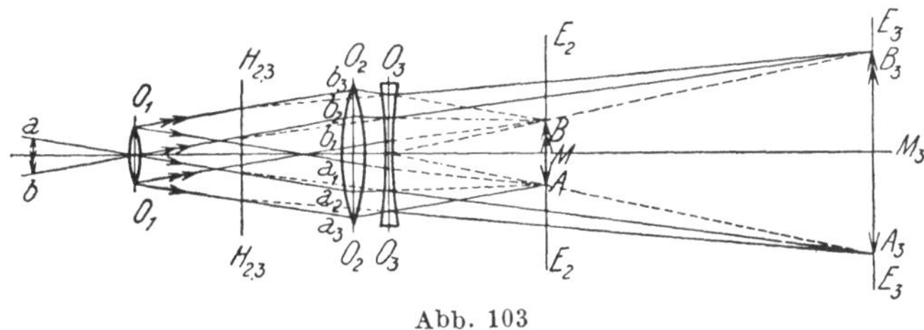

Abb. 103

zeichnen nun zu dem Zweck den Strahlengang auf. $a\,b$ steht in der Brennweite von O_1, die beiden Endpunkte ergeben die austretenden schiefen Parallelbüschel $a_1 a_2 a_3$, $b_1 b_2 b_3$. Man zieht durch O_2 die büschelparallelen Hauptstrahlen, welche die Brennebene von O_2, E_2 in A und B schneiden. Man erhält so das bildseitige Strahlenbüschel von O_2 mit dem Bilde AB. Durch Einschaltung der Zerstreuungslinse O_3 wird die Divergenz der Büschel vermindert, dieselben schneiden sich in der Ebene E_3. Indem man durch O_3 die Hauptstrahlen durch A und B zieht, findet man die Schnittpunkte mit E_3 in A_3 und B_3 und die durch die Linse O_3 erzeugten bildseitigen Büschel. Verlängert man einen

Bildstrahl bis zum Schnitte mit dem zugehörigen einfallenden Strahle, so schneiden die sich in der Hauptebene $H_{2,3}$ bis zu welcher die Brennweite zu rechnen ist. Die Vergrößerung entspricht also dem Abstande H_2, H_3 bis E_3, während der Abstand des Objektivs, also die Projektionslänge, kürzer ist.

Unter Umständen kann die Lichtführung große Schwierigkeiten bereiten; z. B. wenn man mit Hilfe zweier Objektive eine aufrechte Projektion durchführen will (siehe S. 89). Es müssen hierbei die beiden Objektive einen ziemlich beträchtlichen Abstand voneinander haben. Das Lichtbüschel wird meistens zwischen beiden Objektiven eine Spitze, das heißt ein Bild der Lichtquelle ergeben. Es wird dies zu Verzeichnungen Anlaß geben. Man wird daher trachten, das Prinzip der Aplanate anzuwenden, indem man 2 identische Objektive gleicher Brennweite verwendet und den Strahlenschnittpunkt in die Mitte zwischen beide Objektive verlegt. Dann muß die Anordnung verzeichnungsfrei arbeiten (Abb. 75). Schließlich möge als Beispiel einer sehr schwierigen und sehr geistreich gelösten Lichtführung das Schema der Lichtführung am Mechau-Projektor angeführt sein (Abb. 104). Die Schwierigkeit liegt hier darin, daß das

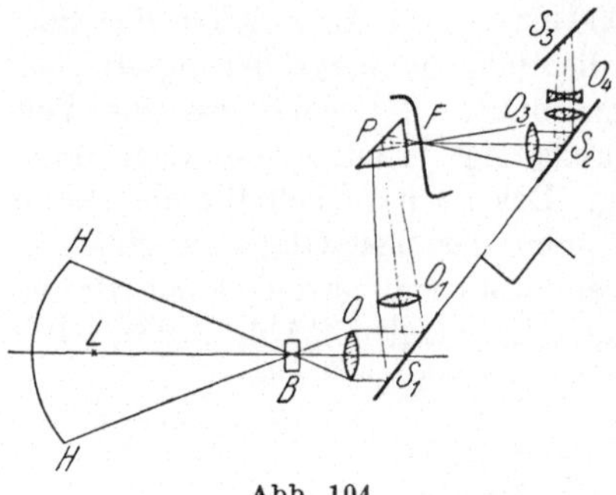

Abb. 104

Lichtbüschel zweimal von hinterlegten Planspiegeln reflektiert wird. Die Spiegel rotieren in ihrer Ebene und bewirkt der erste Spiegel S_1, daß der Projektionsstrahl dem Filmbild nachgeführt wird, der Spiegel S_2 den Ausgleich der Bildwanderung auf dem Schirme. Da es sich um hinterlegte Planspiegel handelt, muß das Büschel an den Stellen, wo es von diesen reflektiert wird, parallel sein, um Doppelbilder zu vermeiden (S. 22). Das von der Lichtquelle L kommende Licht wird durch einen Hohlspiegel H auf einer im Filmformat gehaltenen Blende B vereinigt. Durch die Objektive O, O_1, welche als Linsenkombination aufzufassen sind, wird ein scharfes Bild der Blende in F, der Stelle, wo das Filmbild sich befindet, erzeugt. Es ist also die Blende Eintrittspupille der Lichtstrahlen. Das Bild der Blende soll aber mit dem Filmbild sich bewegen. Dies geschieht durch den Spiegel S_1, der durch eine Steuerung geschwenkt wird. Es muß also das Objektiv O vor dem Spiegel S_1 sich befinden, derart, daß die Blende B und der Schnittpunkt der Lichtstrahlen in Brennweitenentfernung von O sich befindet. Dann treten die Strahlen aus O parallel aus und werden vom Spiegel parallel nach O_1 reflektiert. Nach der Brechung in O_1 konvergiert das Büschel nach dem Brennpunkt von O_1 in F, wird aber vorher an dem Prisma P in horizontale Richtung reflektiert. Da das Büschel hier nicht parallel ist, darf F kein hinterlegter Spiegel sein, sondern es muß ein total reflektierendes Prisma gewählt werden (S. 37). In F ist der Brennpunkt von O_1, dort bewegt sich auch das Filmbild F vorbei. O_3 ist ein Projektionsobjektiv. Es befindet sich genau in Brennweitenentfernung von F. (Siehe S. 124). Die Strahlen treten also parallel aus, was notwendig ist, da sie jetzt auf den zweiten hinterlegten Spiegel S_2 fallen, durch dessen Schwenkung die Bildwanderung ausgeglichen wird. Durch die Spiegel S_2 wird das Lichtbüschel gleichzeitig nach oben, durch den ruhenden Spiegel S_3 in die Horizontale gerichtet. Da das Büschel parallel ist, würde das Bild erst im Unendlichen entstehen. Es ist daher noch das Objektiv O_4 angeordnet, welches auswechselbar ist und in Kombination mit dem Objektiv O_3 das Bild in bestimmter Entfernung und Vergrößerung entstehen läßt (S. 125).

2. Episkopische Projektion

Mit Hilfe der episkopischen Projektion werden undurchsichtige Gegenstände, Papierbilder, Druckschriften, Zeichnungen oder auch körperliche Gegenstände, anatomische Präparate usw. projiziert. Es ist eigentlich dasselbe wie eine photographische Kamera. Wenn ich an Stelle des Projektionsschirmes eine photographische Platte anbringe, so würde ich ein vergrößertes Bild des Dinges erhalten. Wir wissen nun, daß das Mattscheibenbild um so heller ist, je heller das Ding erscheint. Ich muß also beim episkopischen Bildwurf, bei welchem das Bild noch dazu vergrößert wird, das Ding sehr stark beleuchten. Dies geschieht mit Halbwatt- oder Bogenlampen. Meist mit Hohlspiegelverstärkung. Das auffallende Licht wird vom Dinge diffus nach allen Richtungen reflektiert; von hellen Stellen stärker, von dunklen weniger. Von den von einem Punkt reflektierten Lichtstrahlen kommen aber nur jene für die Bilderzeugung zur Wirkung, welche die Fläche des Objektivs treffen. Ich muß also ein Objektiv großer relativer Öffnung verwenden, da die Entfernung des Objektivs vom Gegenstand durch die Brennweite gegeben ist.

Wir können das Helligkeitsverhältnis zwischen episkopischer und Diaprojektion ungefähr bestimmen. Beim Diapositiv sei die hellste Stelle glasklar, beim Aufsichtsbild rein weißes Papier. Die Lichtquelle sei in beiden Fällen dieselbe, etwa eine Hohlspiegellampe, so daß auf beide Bilder derselbe Lichtstrom fällt.

Es wird angenommen, daß das Diapositiv $n\%$ des Lichtes durchlasse und das Papier $n\%$ des Lichtes reflektiere. Ist St der auffallende Lichtstrom, so gelangt im ersten Falle $n \times St$ auf den Projektionsschirm, ist die Schirmbildgröße G, so ist die Beleuchtungsstärke im ersten Falle $E_1 = \dfrac{n\,St}{G}$ (Gl. 2).

Im zweiten Falle wird der Lichtstrom vom Papier diffus zerstreut, das Papier wird die Flächenhelle i erhalten. Ist diese Fläche g, so ist der reflektierte Lichtstrom $i\,\pi\,g = n \cdot St$ (Gl. 4). Das helle Papier ist jetzt Ding für das Projektionsobjektiv. Auf die Fläche F des Objektivs wird der Lichtstrom fallen. $J\dfrac{F}{f^2}$ (Gl. 2, 3), wenn f die Entfernung des Papiers vom Objektiv nahezu gleich der Brennweite ist. Da die Flächenhelle des Papiers i die Fläche des Bildes g ist, so ist $J = ig$. Daher der Lichtstrom $ig\dfrac{F}{f^2}$. Dieser Lichtstrom wird die Beleuchtungsstärke E_1 des Schirmes bewirken.

$$ig \cdot \frac{F}{f^2} = E_2 G \qquad\qquad F = \frac{d^2 \cdot \pi}{4} \qquad\qquad i = \frac{n \cdot St}{\pi g}$$

$$\text{daher ergibt} \quad \frac{n\,St}{\pi g}\, g\, \frac{d^2 \pi}{f^2\,4} = E_2 G$$

$$E_2 = \frac{n\,St}{G} \cdot \frac{\overline{O^2}}{4} = E_1 \left(\frac{\overline{O}}{2}\right)^2$$

$\dfrac{d}{f} = O$ ist die relative Öffnung des Projektionsobjektivs,

das heißt bei der episkopischen Projektion wird unter sonst gleichen Verhältnissen die Helligkeit der Projektion im Verhältnisse $\left(\dfrac{O}{2}\right)^2$ kleiner sein als bei Diaprojektion. Wäre die Öffnung des Projektionsobjektivs $\dfrac{f}{3}$, so wäre die Projektion 36mal weniger hell als bei der Diaprojektion.

Man sieht, daß es hier nicht möglich ist, solche Helligkeiten wie beim Diabildwurf zu erzielen. Bei letzterem wird ja direkt der von der Lichtquelle kommende Strahlenkegel ausgenützt. Bei der episkopischen Projektion trifft zwar dieselbe Strahlenmenge das Ding. Von diesem Licht wird nur ein kleiner Teil reflektiert, vom reflektierten Licht nur ein kleiner Teil im Objektiv aufgenommen. Wenn der episkopische Bildwurf immerhin befriedigende Resultate ergibt, so ist dies darauf zurückzuführen, daß der Vergleich mit einem lichtstärkeren Bilde fehlt und durch Anpassung der Augen das Licht als hell empfunden wird. Es ist daher unbedingt zu empfehlen, bei episkopischen Projektionen keine Diapositive dazwischen zu projizieren, oder, falls es sich nicht vermeiden läßt, bei diesen das Licht so abzudrosseln, daß der Diabildwurf nicht heller wird als der episkopische. Andernfalls wird die episkopische Projektion durch den Vergleich unansehnlich erscheinen.

Anhang
Einige Grundgesetze der Geometrie

Bewegt sich ein Punkt in einer Ebene mit gleich bleibender Richtung fort, so beschreibt er eine Gerade. Diese ist also der Inbegriff der unendlich (∞) vielen Punkte, aus denen sie besteht. Durch einen Punkt der Ebene kann man ∞ viele Gerade ziehen. Durch einen zweiten Punkt wird eine einzige Gerade bestimmt; man kann also durch zwei Punkte nur eine Gerade legen. Zwei Gerade schneiden sich in einem Punkte. Wenn von einem Punkt verlangt wird, daß er zwei Geraden angehören soll, so muß er in deren Schnittpunkt liegen. Wird auf einer Geraden durch zwei Punkte ein bestimmtes Stück abgegrenzt, so nennt man dieses eine Strecke und bezeichnet dieselbe durch Buchstaben, die man zu den Endpunkten setzt, z. B. (Abb. 105), Strecke $A\,B$, $C\,D$ usw. Zwei sich

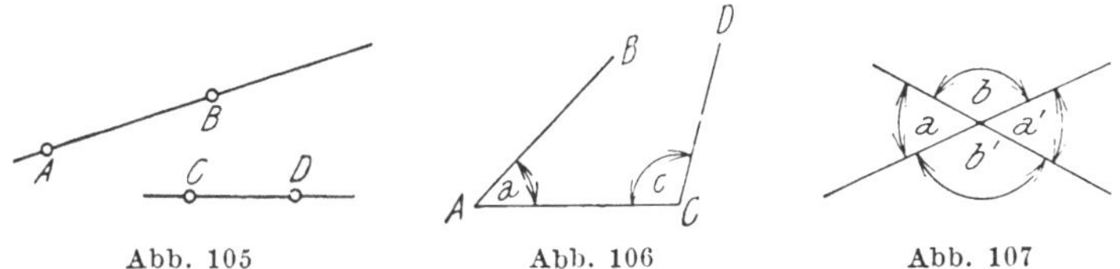

Abb. 105   Abb. 106   Abb. 107

schneidende Gerade schließen einen Winkel ein. Die beiden Geraden heißen die Schenkel, die Spitze der Scheitel. Man bezeichnet den Winkel durch das Zeichen $\sphericalangle$ und drei Buchstaben, wobei der Scheitelbuchstabe in der Mitte steht, oder durch einen kleinen Buchstaben am Scheitel, z. B. $\sphericalangle C\,A\,B$ oder $\sphericalangle a$, $\sphericalangle A\,C\,D$ oder $\sphericalangle c$ (Abb. 106).

Verlängert man die Schenkel des $\sphericalangle$ über den Scheitel, so entstehen vier Winkel; je zwei gegenüberliegende heißen Scheitelwinkel und sind gleich (Abb. 107) $\sphericalangle a = \sphericalangle a'$, $\sphericalangle b = \sphericalangle b'$. Die Winkel mißt man nach dem Kreismaße (Abb. 108). Der ganze Kreis hat 360°. Ein Viertelkreis ist 90° und heißt ein rechter Winkel. Der Halbkreis hat zwei rechte Winkel $= 180^\circ$ und heißt ein gestreckter Winkel. Jede Gerade kann als gestreckter Winkel betrachtet werden.

Zwei Gerade, deren Abstand überall der gleiche ist, heißen
parallel ($//$). Schneidet man zwei parallel-Gerade durch eine dritte,
so sind die Winkel, die an den Schnittpunkten entstehen, wechsel-
weise gleich. Denn verschiebt man eine der Geraden parallel zu
sich selbst längs der schneidenden, so decken sich schließlich alle
Winkel. Aus diesem Grunde ist (Abb. 109) $a_1 = a_2$, $b_1 = b_2$, $c_1 = c_2$,

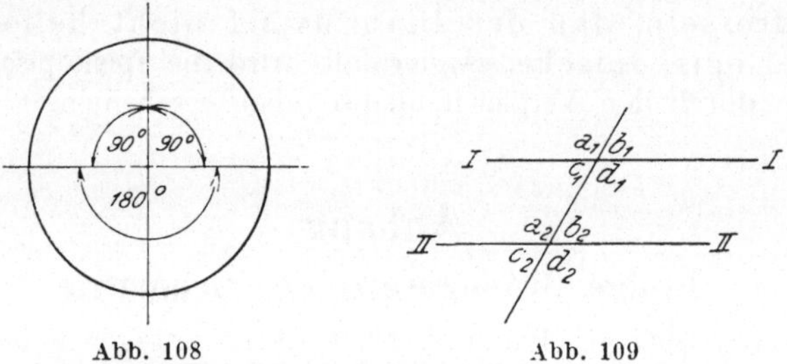

Abb. 108   Abb. 109

$d_1 = d_2$. Die entstehenden Scheitelwinkel sind aber unter sich auch
gleich, $a_2 = d_2$, $b_2 = c_2$, $a_1 = d_1$, $c_1 = b_1$, daher auch $a_1 = d_2$, $a_2 = d_1$,
$b_1 = c_2$ usw.

Parallele Gerade zwischen parallelen Geraden sind einander gleich
(Abb. 110). Verschiebt man die Strecke $a\,b$ parallel zu sich selbst,
so müssen während der Verschiebung, wegen der Unveränderlichkeit

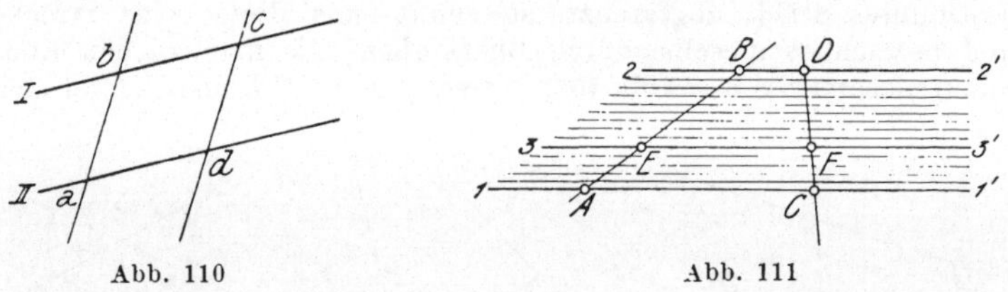

Abb. 110   Abb. 111

der Abstände von I und II, Punkt a und b auf I und II gleiten, bis
sie auf d und c fallen.

Zieht man ein Bündel von parallelen Geraden in gleichen
Abständen (Abb. 111), welche man sich beliebig klein vorstellen
kann, und durch dieses Bündel eine schneidende Gerade, etwa $A\,B$,
so wird diese durch das Bündel in gleiche Teile zerlegt. Ziehen
wir eine zweite Gerade $C\,D$, so zerfällt auch diese in die gleiche
Zahl unter sich gleicher Teilstrecken. Von den parallelen Geraden
denken wir uns eine beliebige $3 - 3'$ herausgehoben, dann teilt
diese die Gerade $A\,B$ in die Teile $A\,E$ und $E\,B$. Diese Teile verhalten sich dann im vorliegenden Falle wie $5 : 9$, da wir im ganzen
14 Teile haben, ebenso verhalten sich auf der Geraden $C\,D$ die
Teile $C\,F : F\,D = 5 : 9$. Es werden also durch die 3 parallelen Geraden
$1\,1'$, $2\,2'$, $3\,3'$, alle durchgezogenen schneidenden Geraden im selben

Verhältnis geteilt. Es verhält sich also $AE:EB = CF:FD$, es verhält sich auch $AB:AE = CD:CF$ oder $AB:EB = CD:FD$.

Eine Figur in der Ebene, welche von drei Geraden begrenzt ist, die sich in drei Punkten schneiden, heißt ein Dreieck ($\triangle$) (Abb. 112). Wir bezeichnen dasselbe mit den Buchstaben der Endpunkte $\triangle ABC$. Einen Eckpunkt nehmen wir als Scheitel an, etwa C, dann ist die gegenüberliegende Seite die Grundlinie AB

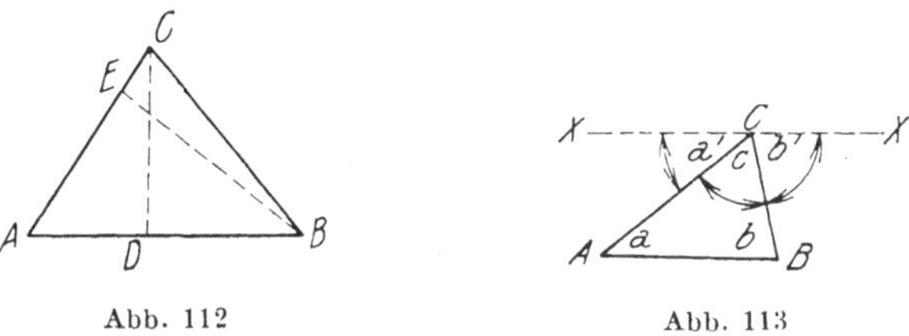

Abb. 112   Abb. 113

und die vom Scheitel auf die Grundlinie gezogene Senkrechte CD (man schreibt $CD \perp AB$), heißt die Höhe.

Wählt man B als Scheitel, so ist AC Grundlinie und BE die Höhe usw.

In jedem Dreieck ist die Summe aller Winkel $= 180^0$ oder einem gestreckten. Ziehen wir durch C eine parallele zur Grundlinie,

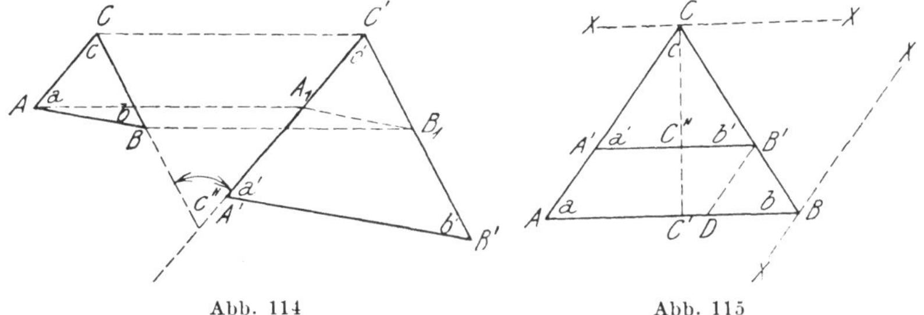

Abb. 114   Abb. 115

$XX \parallel AB$ (Abb. 113), so ist $\sphericalangle a = \sphericalangle a'$, $\sphericalangle b = \sphericalangle b'$, $\sphericalangle c = \sphericalangle c$, daher $\sphericalangle a + \sphericalangle b + \sphericalangle c = \sphericalangle a' + \sphericalangle b' + \sphericalangle c$, $\sphericalangle a' + \sphericalangle b' + \sphericalangle c = 180^0$, da die Schenkel in der Geraden XX liegen, folglich ist auch $\sphericalangle a + {} + \sphericalangle b + \sphericalangle c = 180^0$. Ein Dreieck, in welchem ein Winkel $= 90^0$ ist, heißt rechtwinkelig. Die beiden Schenkel des rechten $\sphericalangle$ heißen die Katheten, die dem rechten $\sphericalangle$ gegenüber liegende Seite die Hypothenuse. Ein Dreieck, in welchem zwei Winkel und die beiden gegenüberliegenden Seiten gleich sind, heißt gleichschenkelig. Sind alle drei Winkel gleich, so ist jeder $\dfrac{180^0}{3} = 60^0$ und auch alle drei Seiten gleich, das Dreieck ist gleichseitig.

Zeichnen wir zwei Dreiecke so, daß alle drei Seiten wechselseitig parallel aber verschieden lang sind, so müssen auch alle drei Winkel

9*

wechselseitig gleich sein (Abb. 114). Seien die Dreiecke $A\,B\,C$ und $A'\,B'\,C'$, so verlängern wir zwei nicht parallele Seiten $B\,C$ und $A'\,C'$ bis zum Schnitte, der Winkel im Schnittpunkte sei c'', dann ist $c = c''$ (da $A\,C\,//\,A'\,C'$, geschnitten von der verlängerten Seite $C\,B$), ebenso $c' = c''$ (da $C\,B\,//\,C'\,B'$ geschnitten von $C'A'$), daher auch $c = c'$, ebenso ergibt sich $a = a'$, $b = b'$. Wir sehen die Gleichheit der Winkel auch daraus, daß, wenn ich $\triangle\,A\,B\,C$ parallel zu sich selbst längs der Geraden $C\,C'$ verschiebe (A nach A_1, B nach B_1), schließlich C auf C' fällt, dann muß $A\,C$ in die Seite $A'\,C'$, $C\,B$ in die Seite $C'\,B'$ fallen, und die Seite $A_1\,B_1\,//\,A\,B\,//\,A'\,B'$, da sie ja so gezogen wurde und bei der Parallelverschiebung die Richtung nicht ändern kann.

Zwei Dreiecke, in denen alle drei Winkel wechselseitig gleich sind, heißen ähnlich (∞). Man schreibt $\triangle\,A\,B\,C \infty \triangle\,A'\,B'\,C'$. Sind in zwei ähnlichen Dreiecken zwei Seiten wechselseitig gleich, etwa $A\,C = A_1\,C'$, so müssen bei der Verschiebung alle drei Eckpunkte zur Deckung kommen, die Dreieck heißen kongruent $\triangle\,A\,B\,C \cong A_1\,B_1\,C'$.

Nach dem Gesagten können wir ähnliche Dreiecke immer so übereinanderlegen, daß zwei Seiten sich decken, die dritten parallel sind (Abb. 115); ziehen wir durch C eine Parallele $X\,X$ zur Grundlinie $A\,B$, so haben wir $A\,B\,//\,A'\,B'\,//\,X\,X$ und die Abschnitte der schneidenden Geraden, $A\,C$ und $B\,C$, das sind die Seiten der ähnlichen Dreiecke, werden im gleichen Verhältnis geteilt, es verhält sich also $A\,C : A'\,C = B\,C : B'\,C$, ziehen wir die Höhe $C\,C'$, so ist auch $B\,C : B'\,C = C'\,C : C''\,C$.

Ziehen wir $B'\,D\,//\,A\,C$ und durch B die Gerade $X\,X\,//\,A\,C\,//\,B'\,D$, so ist $B\,C : B'\,C = B\,A : B\,D$, nun ist aber $A\,D = A'\,B'$ als Parallele zwischen Parallelen, daher $B\,C : B'\,C = A\,B : A'\,B'$. Es besteht also das Verhältnis $A\,B : A'\,B' = A\,C : A'\,C = B\,C : B'\,C = C\,C' : C\,C''$.

Es sind immer jene Seiten proportional, welche den gleichen Winkeln gegenüberliegen.

Es gilt also der Satz:

In ähnlichen Dreiecken stehen die den gleichen Winkeln gegenüberliegenden Seiten und die Höhen im gleichen Verhältnisse.

Sachverzeichnis

Verständliche Wissenschaft

Das große Verdienst dieser Sammlung liegt in der klaren, einfachen Darstellung, die führende Männer der Wissenschaft aus ihrem Fachgebiet geben. Jedes Bändchen ist vorzüglich ausgestattet. Den Photographen werden die Abbildungen besonders interessieren und ihm neue Anregungen geben. Die zuletzt erschienenen Bände:

Band VI:

Das Leben des Weltmeeres. Von Professor Dr. **Ernst Hentschel,** Hamburg. Mit 54 Abbildungen. VIII, 153 Seiten. 1929. Gebunden RM 4,80

Was das Weltmeer an seltsamen Dingen in seinem Innern birgt, hat von jeher die Phantasie der Menschen besonders angezogen. Die Korallenbauten der Südsee, die fliegenden Fische tropischer Meere, die leuchtenden Tiere in der ewigen Finsternis der Tiefsee, das Leben der nordischen Fischgründe und jene Milliarden kleinster, dem menschlichen Auge unsichtbarer Wesen, die überall das Wasser erfüllen — wie viele interessante Fragen knüpfen sich an das alles! — Das vorliegende Buch führt uns in anschaulicher Weise zu den Lösungen dieser Fragen und vermittelt uns eine großartige Gesamtanschauung von dem Leben des Weltmeeres.

Band VII:

Zugvögel und Vogelzug. Von **Friedrich von Lucanus.** Mit 17 Zeichnungen von Hans Schmidt. VIII, 127 Seiten. 1929. Gebunden RM 4,80

Es gibt kaum ein Problem in der Natur, das den Forschern soviel Kopfzerbrechen verursacht wie die Erforschung des Vogelzuges mit seinen geheimnisvollen Vorgängen, die auch heute zum Teil noch ungeklärt sind, wenn wir auch durch die modernen wissenschaftlichen Methoden, besonders aber durch das Zeichnen der Zugvögel mit Fußringen, über die Richtung des Zuges, die Lage der Winterquartiere, die Schnelligkeit des Wanderns und die Heimkehr weitgehend unterrichtet sind. Das vorliegende Büchlein gibt in kurzer Zusammenfassung eine Übersicht über das, was wir heute vom Vogelzug wissen, und über alle Fragen, die sich an dieses Problem knüpfen.

Band VIII:

Einführung in die anorganische Chemie. Von Dr. **W. Strecker,** o. Professor an der Universität Marburg. Mit 14 Abbildungen. VI, 210 Seiten. 1929. Gebunden RM 4,80

Das neue Buch von Strecker bringt in einheitlicher Darstellung eine Einführung in die anorganische Chemie in so einfacher Form, daß es auch jedem Laien möglich sein wird, bis zum Schlusse zu folgen. Es beginnt mit einer Erklärung des Begriffes „Element", bringt alle wesentlichen chemischen Gesetze und schreitet vor bis zu den radioaktiven Elementen.

Band IX:

Die Wunder des Weltalls. Eine leichte Einführung in das Studium der Himmelserscheinungen. Von **Clarence Augustus Chant,** Professor für Astrophysik an der Universität Toronto (Canada). Ins Deutsche übertragen von Dr. **W. Kruse,** Bergedorf. Mit 138 Abbildungen. VIII, 184 Seiten. 1929. Gebunden RM 5,80

Das Buch von Chant ist sehr fesselnd und bietet in seiner leichtfaßlichen Art keinerlei sachliche Schwierigkeiten. Es führt den Leser ein in das Studium des Himmelsgewölbes, des Sonnensystems und der Sterne. Die zahlreichen Abbildungen machen es besonders interessant.

Inhaltsübersicht: **Das Himmelsgewölbe und seine Bewegungen:** Das Himmelsgewölbe. Wie sich Sonne und Mond am Himmel bewegen. — **Die Sonne und ihr System:** Das Planetensystem. Die Erde. Die Sonne und der Mond. Merkur und Venus. Mars. Jupiter. Saturn. Uranus. Neptun. Kleine Planeten. — Die Nebularhypothese. — Kometen. — Meteore. — **Die Welt der Sterne:** Sterne und Jahreszeiten. Zahl und Entfernung der Fixsterne. — Die Nebel. — Sternhaufen. — Dunkle Nebel. — Die Natur der Sterne. — Anhang: Einige wissenswerte astronomische Zahlen. — Namen- und Sachverzeichnis.